# Verständliche Wissenschaft

Erster Band

## Aus dem Leben der Bienen

Von

K. v. Frisch

Berlin · Verlag von Julius Springer · 1927

# Aus dem Leben der Bienen

Von

Dr. K. v. Frisch

Professor der Zoologie und Direktor
des Zoologischen Instituts an der Universität München

1. bis 5. Tausend

Mit 91 Abbildungen

Berlin · Verlag von Julius Springer · 1927

ISBN-13: 978-3-642-64922-6 e-ISBN-13: 978-3-642-64923-3
DOI: 10.1007/978-3-642-64923-3


Reprint of the original edition 1927

# Vorwort.

Wenn die Naturforschung allzu scharfe Gläser aufsetzt, um einfache Dinge zu ergründen, dann kann es ihr passieren, daß sie vor lauter Apparaten die Natur nicht mehr sieht. So ist es vor nun bald zwanzig Jahren einem hochverdienten Gelehrten ergangen, als er in seinem Laboratorium den Farbensinn der Tiere studierte und zu der felsenfesten und scheinbar wohlbegründeten Überzeugung kam, die Bienen wären farbenblind. Dies gab mir den ersten Anlaß, mich näher mit ihrem Leben zu beschäftigen. Denn wer die Beziehungen der Bienen zu den farbenprächtigen Blumen aus der Beobachtung im Freien kennt, der mochte eher an einen Trugschluß des Naturforschers als an einen Widersinn der Natur glauben. Seither hat mich das Bienenvolk immer wieder zu sich zurückgezogen und immer von neuem gefesselt. Ihm verdanke ich, freilich sparsam gesäet zwischen Tagen und Wochen des Verzagens und vergeblichen Bemühens, Stunden reinster Entdeckerfreude. Der Wunsch, an selbst erlebter Freude andere teilnehmen zu lassen, war ein Beweggrund zu diesem Büchlein. In ihm werden Beobachtungen anderer Forscher und früherer Generationen, Entdeckungen meiner Mitarbeiter und eigene Befunde brüderlich beisammenstehen, ohne daß Namen genannt sind. Es soll uns nur die Sache interessieren und nicht der Entdecker.

Aber gibt es nicht Bienenbücher mehr als genug? Da ist das berühmte Werk von Maeterlinck: „Das Leben der Bienen", oder von Bonsels: „Die Biene Maja" — beide voll vortrefflicher Naturbeobachtung, und für den Kundigen ein

Genuß; aber der unkundige Leser wird schwer die Grenze finden, wo die Beobachtung aufhört und die dichterische Phantasie beginnt. Wer aus dem Leben der Bienen selbst Erbauung sucht, und nicht aus dem, was schöpferische Dichtergabe hineingelegt hat, mag sich an die Lehr- und Handbücher der Bienenkunde wenden. Aber diese sind vor allem für den praktischen Imker geschrieben und darum mit mancherlei Auseinandersetzungen beschwert, die dem Naturfreund an sich fern liegen; und auch sie sind, wenn auch frei vom Genius des Dichters, oft nicht frei von Phantasie. Es bleiben noch die Werke der Wissenschaft.

Ich möchte dem Leser das Interessante aus dem Leben der Bienen übermitteln ohne den Ballast von praktischen Ratschlägen, wie ihn ein Handbuch bringen muß, ohne den Ballast eines lehrbuchmäßigen Strebens nach Vollständigkeit, ohne Beschwerung mit Zahlenmaterial, Protokollen und Belegen, mit denen eine wissenschaftliche Arbeit gewappnet sein muß, um überzeugen zu können, aber auch ohne jeden Versuch, die Poesie der Wirklichkeit phantastisch auszuschmücken.

Brunnwinkel, Ostern 1927.

K. v. Frisch.

# Inhaltsverzeichnis.

# Verzeichnis der Abbildungen.

(Die Zeichnungen sind von Herrn Dr. P. Ehrlich, München, nach Originalvorlagen und nach den Angaben des Verfassers ausgeführt. Die Photographien sind Originalaufnahmen des Verfassers, sofern bei den betreffenden Bildern nichts anderes angegeben ist.)

# 1. Das Bienenvolk.

Der Naturfreund hat zweifach Gelegenheit, mit den Bienen unschwer eine Bekanntschaft anzuknüpfen: geht er an einem warmen Frühlings- oder Sommertag einem blühenden Obst-

Abb. 1. Bienenstand des Herrn Prof. Egerer, Freising (phot. Wohlgemuth).

garten oder einer blumigen Wiese entlang, so sieht er, wie sie sich an den Blüten zu schaffen machen; und wenn er am Bienenstande eines Imkers (Abb. 1) vorbeikommt, so sieht er sie dort an den Fluglöchern ihrer Wohnungen aus- und einfliegen. Ist es ein wohlhabender Imker, der seine Sache versteht, dann hat er vielleicht ein paar Dutzend, vielleicht über hundert Bienenstöcke auf seinem Stand. Ist es ein Anfänger, versteht er sein Geschäft schlecht, oder ist die Gegend für die Bienenzucht nicht günstig, so hat er wenige, vielleicht einen einzigen Bienenstock. Aber er kann keine kleinere Einheit haben als einen „Bienenstock", ein „Bienenvolk", dem viele tausend Bienen angehören. Der Bauer kann eine einzelne Kuh, *einen* Hund, wenn er will *ein* Huhn halten, aber er kann keine einzelne Biene halten — sie würde in kurzer Zeit zugrunde gehen. Das ist nicht selbstverständlich, es ist sogar sehr merkwürdig. Denn wenn wir uns in der Sippe der entfernteren Verwandtschaft unserer Bienen umsehen, bei den anderen Insekten, so ist ein solches zuhauf Zusammenleben durchaus nicht allgemeiner Brauch. Bei den Schmetterlingen, bei den Käfern, den Libellen usw. sehen wir Männchen und Weibchen sich zur Paarung kurz zusammenfinden, um sich rasch wieder zu trennen, und jedes geht seinen eigenen Weg; das Weibchen legt seine Eier ab an einer Stelle, wo die ausschlüpfenden jungen Tiere Futter finden, aber es pflegt seine eigenen Jungen nicht und lernt sie gar nicht kennen, denn es kümmert sich nicht weiter um die abgelegten Eier und bevor ihnen die Brut entschlüpft, ist meist die Mutter schon tot. Warum sind die Bienen voneinander so abhängig, daß sie für sich allein nicht leben können? Und was ist überhaupt das „Bienenvolk"?

Gesetzt den Fall, unser Naturfreund sei an den Stand eines wohlhabenden Imkers geraten, dem nichts daran gelegen ist, für etwas Geld und gute Worte eines seiner Bienenvölker zu opfern. Des Abends, wenn alle ausgeflogenen Tiere heimgekehrt sind, verschließt er das Flugloch, gibt ein Betäubungsmittel in den Stock und schüttet seinen ganzen Inhalt dann vor den Augen unseres wißbegierigen Freundes auf den Tisch. Dieser wird erstaunt sein, wie viele Bewohner ein einziger Bienenstock hat. Nimmt er sich die Mühe des Zählens, und war das gewählte Volk kein Schwächling, so findet er an die 40000 bis 70000 Bienen, also etwa so viele Mitglieder des Volkes, wie der Einwohnerzahl von Bamberg oder Jena, von Potsdam oder Rostock entspricht. Dabei hat er die Bienen*kinder* noch gar nicht mitgezählt; mit diesen hat es eine besondere Bewandtnis, sie sind nicht ohne weiteres zu sehen, und so wollen wir vorerst bei den Erwachsenen bleiben.

Diese sehen auf den ersten Blick alle untereinander gleich aus. Jeder Bienenkörper ist deutlich in drei Teile gegliedert: der *Kopf* trägt seitlich die großen Augen, unten den Mund und vorne zwei Fühler (Abb. 2), die bei allen Insekten zu finden und bei den Bockkäfern so respektabel entwickelt sind, daß wir schon als Buben unsere Freude daran hatten; an der *Brust* sitzen seitlich zwei Paar Flügel und unten drei Paar

Abb. 2. *a* Drohne (männliche Biene), *b* Arbeitsbiene, *c* Königin (voll entwickeltes Weibchen). *K* Kopf, *B* Brust, *H* Hinterleib, *A* Auge, *F* Fühler (phot. Dr. Leuenberger, zweifach vergrößert).

Beine; mit ihr durch eine schlanke Taille verbunden ist der geringelte Hinterleib.

Bei genauem Zusehen bemerkt man aber doch Verschiedenheiten zwischen den Tieren, die das gesamte Volk bilden. *Eine* Biene ist dabei, die sich durch ihren langen und schlanken Hinterleib von allen übrigen Volksgenossen unterscheidet; die Imker bezeichnen sie als die *Königin* (Abb. 2 *c*); an ihr in erster Linie hängt das Wohl und Wehe des Volkes, denn sie ist das einzige vollentwickelte Weibchen im „Bienenstaate", unter normalen Umständen die einzige Biene, die Eier legt und so für Nachwuchs sorgt. In größerer Zahl findet man andere Bienen, die sich durch einen dicken, plumpen Körper und besonders große Augen auszeichnen; es sind die männlichen Tiere, die *Drohnen* (Abb. 2 *a*); nur im Frühjahre und im beginnenden Sommer sind sie da; später sind sie nutzlos, und dann werden sie von den eigenen Volksgenossen gewaltsam entfernt; im Herbst und Winter würden wir vergeblich nach Drohnen suchen. Alle anderen Tiere sind *Arbeitsbienen* (Arbeiterinnen, Abb. 2 *b*); sie bilden die große Masse des Volkes; es sind Weibchen, doch legen sie keine Eier; gerade diese Fähigkeit, in der sich bei der Bienenkönigin und bei anderen Insekten das weibliche Geschlecht am deutlichsten offenbart, ist bei der Arbeiterin verkümmert; dagegen sind bei ihr die mütterlichen Triebe der Fürsorge für die Nachkommenschaft, die kleinen Bienenkinder zu füttern und zu pflegen, in einer bei Insekten unerhörten Weise entfaltet, und sie nehmen der Königin, die dafür gar keinen Sinn hat, diese Arbeit völlig ab. Also die Königin legt, die Arbeiterin pflegt die Eier. Die Arbeitsbienen sorgen aber auch für Reinlichkeit im Stock, sie entfernen Abfälle und Leichen, sie sind die Baumeister in der Bienenwohnung, sie sorgen für die rechte Wärme im Stock, schreiten zu seiner Verteidigung, wenn es nottut, schaffen die Nahrung herbei und sorgen für ihre Verteilung — alles Dinge, mit denen sich die Königin und die Drohnen nicht abgeben. So besteht also unter den Volksgenossen eine wohlorganisierte Arbeitsteilung. Ja, diese geht so weit, daß sich auch die Arbeiterinnen untereinander in die vielerlei Verrichtungen, die ihnen obliegen, in bestimmter Weise teilen; die einen haben die Kinderpflege, andere die Verteidigung oder das Futter zu besorgen.

So sind im Bienenvolke alle aufeinander angewiesen und für sich allein nicht fähig, sich zu erhalten.

## 2. Die Bienenwohnung.

Der Imker stellt jedem seiner Völker eine hölzerne Kiste, den „Bienenkasten“, zur Verfügung. An der Vorderseite ist ein Spalt angebracht, das Flugloch, durch das die Bienen aus und ein gehen. Früher hatten die Bienenzüchter statt der hölzernen Kisten Strohkörbe, und mancherorts sieht man sie heute noch (Abb. 3).

Als Kind habe ich von der Erfindung des Telegraphen gehört; was mich daran am meisten interessierte, war die Frage: wo haben sich die Schwalben zum Herbstzuge gesammelt, bevor es die Telegraphendrähte gab? und der Leser wird fragen: wo haben die Bienen gewohnt, bevor sie der

Abb. 3. Korbbienenstand an einem Bauernhaus in Übersee (phot. Wohlgemuth).

Mensch zu Haustieren gemacht hat? Die Imkerei ist zwar sehr alt — schon vor 5000 Jahren haben sich die Ägypter mit Bienenzucht befaßt, wie wir aus bildlichen Darstellungen in Tempeln und Königsgräbern wissen — aber die Bienen selbst sind sicher noch viel älter und haben wild gelebt, bevor sie der Mensch in Pflege nahm.

Es geschieht nicht selten, daß ein Bienenvolk dem Züchter entkommt und sich im Walde in einem hohlen Baum niederläßt. Dies ist die ursprüngliche Bienenwohnung, und da es ehedem mehr hohle Bäume gab als in unseren heutigen, so wohlgepflegten Wäldern, kannten die Bienen auch keine Wohnungsnot.

Der Baum bildet aber, so wie der Strohkorb oder der Bienenkasten, nur den äußeren Schutz für das Bienenheim; die Inneneinrichtung bauen sich die Bienen selbst, indem sie einen Wabenbau aus Wachs aufführen (Abb. 4).

Manche Bienenzüchter verwenden als Behausung für das Bienenvolk einen Holzklotz, der nichts anderes ist als ein

Abb. 4. Bienenkorb, umgelegt, so daß man von unten auf den Wabenbau im Innern sieht (phot. Prof. Zander).

Abb. 5. Hohler Baumklotz als Bienenwohnung (phot. Wohlgemuth).

Stück eines hohlen Baumes (Abb. 5). Diese Art von Bienenstöcken steht der ursprünglichen, natürlichen Bienenwohnung am nächsten. Die Strohkörbe bieten in ihrem Inneren einen ähnlichen geschützten Hohlraum und haben den Vorzug, daß sie leichter und handlicher sind und bei strenger Kälte besser warm halten. Aber diese alten Bienenwohnungen sind insofern nicht praktisch, als dem Bienenzüchter ihr Inneres schlecht zugänglich ist, wenn er irgendwie eingreifen will.

Es war darum ein großer Fortschritt in der Bienenzucht, als man vor einigen Jahrzehnten auf den Gedanken kam, den Bienen einen hölzernen Kasten als Wohnraum zu geben, dessen Hinterwand oder Deckel abgenommen werden kann, und in das Innere eine Anzahl Holzrähmchen zu hängen, in welche die Bienen nun ihre Waben bauen (Abb. 6). Jetzt läßt

Abb. 6. Bienenkasten. Deckel entfernt, eine Wabe im Holzrähmchen herausgehoben. *F* Flugspalt an der Vorderseite des Bienenkastens, vor ihm das Anflugbrettchen.

sich jede Wabe mit ihrem Rähmchen einzeln herausheben und wieder einfügen, wenn es etwas nachzusehen oder zu richten gibt, man kann auch einzelne, mit Honig gefüllte Waben wegnehmen und durch leere ersetzen, ohne daß das Volk nennenswert gestört wird, während bei dem alten System die Honiggewinnung mit einer Zerstörung des Baues und oft mit der Vernichtung des Volkes verbunden war. So haben jetzt die Bienenkästen mit „beweglichen Waben“ weite Verbreitung gefunden.

Den Bienenkasten und die Holzrähmchen stellt der Imker seinen Bienen zur Verfügung. Aber die Waben im Stock bauen sie sich selbst. Ja, auch das Material, aus dem die Waben gebaut werden, das *Wachs*, bereiten sie selbst. Jede Arbeitsbiene trägt eine kleine Wachsfabrik bei sich.

Dies klingt sehr wunderbar und wird kaum besser verständlich, wenn wir hören, daß die Wachsbereitung kein

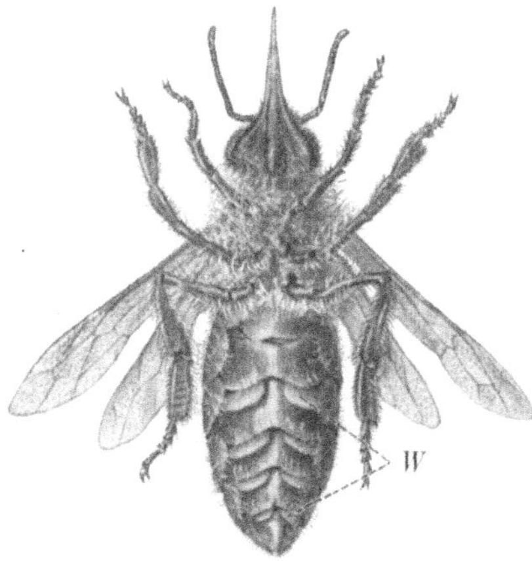


Abb. 7. Eine Wachs ausschwitzende Biene, von der Bauchseite gesehen. *W* aus den Hautfalten austretende Wachsschüppchen.

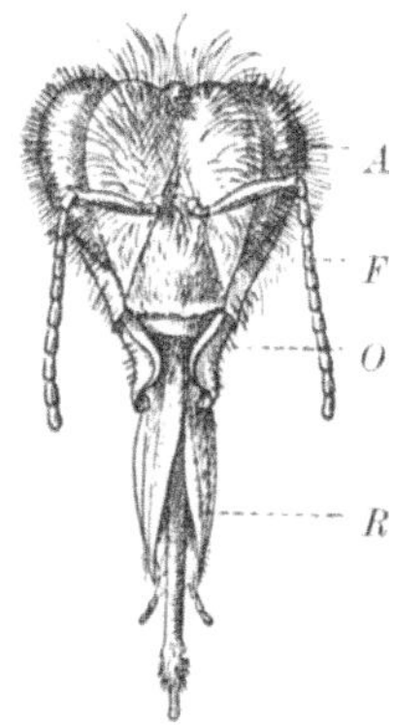


Abb. 8. Bienenkopf, von vorn gesehen. *O* Oberkiefer, *R* Saugrüssel, *F* Fühler, *A* Auge (vergrößert).

Privilegium der Bienen ist. Man findet sie auch bei anderen Insekten. So bemerkt man z. B. nicht selten im Sommer kleine weiße Flöckchen, die wie winzige Schneeflocken durch die Luft segeln. Fängt man sie und sieht genau zu, so erkennt man eine Blattlaus, eingehüllt in einen Pelz von feinsten weißen Wachsfäden, die sie aus Poren ihrer Haut ausgeschwitzt hat. Auch manche Pflanzen scheiden Wachs ab, oft wissen wir nicht, warum und wozu. Die Bienen sondern das Wachs, das in seiner chemischen Zusammensetzung dem Fett ähnlich ist, an der Unterseite ihres Hinterleibes aus.

Hier erscheint es in Gestalt kleiner, dünner Schüppchen in der Tiefe der Hautfalten, welche die Hinterleibsringe bilden (Abb. 7). Statt diese Wachsschüppchen nutzlos fallen zu lassen, nehmen sie die Bienen mit ihren Füßen ab, kneten sie mit den kräftigen Zangen, die sie als gar brauchbares Werkzeug am Munde führen (Abb. 8, *O*), zu einem kleinen Wachsklümpchen und aus solchen bauen sie Stück für Stück die Wabe auf.

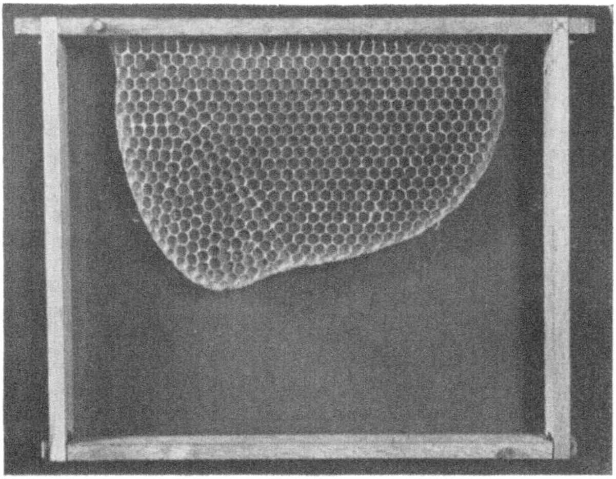

Abb. 9. Das Werk einer Nacht. Abends wurde einem Bienenvolk ein leeres Holzrähmchen in den Stock gehängt, am nächsten Morgen war die Wabe so weit gediehen, wie die Photographie zeigt (phot. Dr. Rösch).

Nicht ständig wird im Bienenstocke gebaut, aber wenn es Not tut, sehr rasch. Einem Volke, das seinen Bau erweitern wollte, wurde des Abends ein leeres Holzrähmchen in den Stock gehängt. Die Photographie (Abb. 9) zeigt, was die kleinen Baumeister in einer Nacht zustande gebracht haben — und das ist durchaus keine außerordentliche Leistung. Wir sehen an der Abbildung auch, daß der Bau der Wabe oben beginnt und nach unten fortschreitet; nach ein bis zwei Tagen wäre das Rähmchen ganz von der neugebauten Wabe ausgefüllt gewesen.

Jede Wabe besteht aus mehreren tausend kleinen Wachskammern oder „Zellen“, die teils als Kinderstuben für die junge Brut, teils als Vorratskammern zur Aufspeicherung des Futters dienen. Sie sind überraschend zweckmäßig angelegt. Schneiden wir eine Wabe von oben nach unten quer durch, so erhalten wir ein Bild, wie es in Abb. 10*a* zu sehen ist. Die Wabe hat eine Mittelwand (*M*), die, so wie die anderen Teile aus Wachs hergestellt ist, und den gemeinsamen Boden für

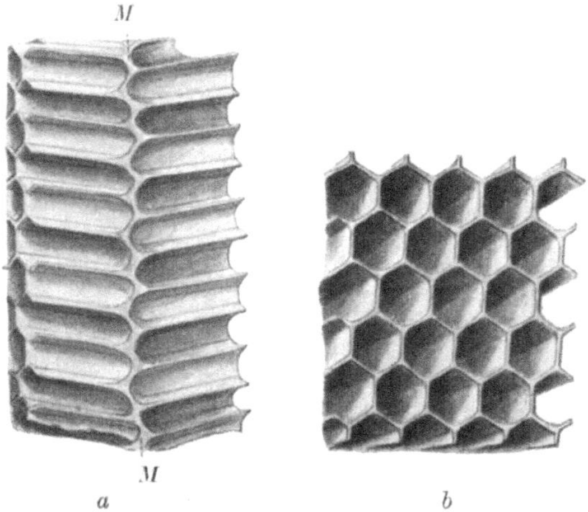


Abb. 10. Zellenbau der Bienenwabe. Ein Stück einer Wabe: *a* durchgeschnitten, *b* von der Fläche gesehen.

die nach beiden Seiten gerichteten Zellen bildet. Der Boden ist nicht eben, sondern entsprechend einer jeden Zelle vertieft, und die Vertiefungen der gegenüberliegenden Zellen sind im Sinne guter Raumausnützung geschickt zwischeneinandergeschoben. Die Seitenwände werden so angelegt, daß die Zellen gegen die Mittelwand schräg nach unten geneigt stehen, eben genügend, daß die eingefüllten zähflüssigen Honigvorräte nicht heraustropfen können. Am merkwürdigsten aber ist, daß die Seitenwände der Zellen Sechsecke bilden (Abb. 10*b*). Von vornherein könnten ja die Bienen ihre Kammern ebensogut mit runden Wänden bauen, wie es die Hummeln tatsächlich tun, oder eine andere Zahl von begrenzenden Seitenwänden aneinanderstoßen lassen (Abb. 11). Doch bei runden, oder etwa acht- oder fünfeckigen Zellen (Abb. 11, obere Reihe) würden zwischen den Zellen ungenützte Räume bleiben (in der Abbildung dunkel schraffiert), das wäre Raumverschwendung; und jede Zelle müßte rundherum, oder in einem großen Teil des Umkreises, ihre eigene Wand haben, das wäre Materialverschwendung. Bei drei-, vier- oder sechseckigen Zellen (untere Reihe der Abb. 11) fallen beide Nachteile fort, da jede Wand in ganzer Ausdehnung zwei

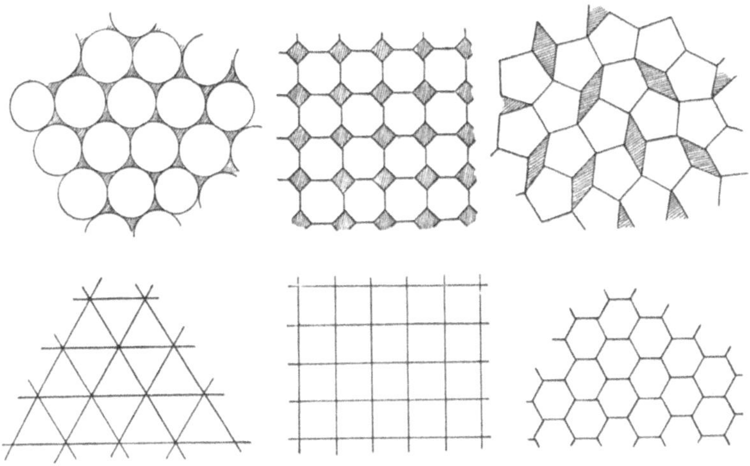

Abb. 11. (Erklärung im Text.)

Nachbarzellen gemeinsam ist, also doppelt ausgenützt wird, und keine Zwischenräume bleiben. Die Dreiecke, Vierecke und Sechsecke unserer Abb. 11 sind so gezeichnet, daß sie genau gleichgroße Flächen umschließen. Bienenzellen, deren Querschnitt diesen Maßen entspricht, würden also, wenn sie die gleiche Tiefe haben, gleichviel Honig fassen können, ob sie nun dreieckig, viereckig oder sechseckig wären. Die Sechsecke haben aber von diesen drei flächengleichen geometrischen Figuren den kleinsten Umfang. Dies ergibt sich aus der mathematischen Berechnung und man kann sich auch unmittelbar davon überzeugen, wenn man mit einem Zirkel sorgfältig die drei Begrenzungslinien eines Dreieckes unserer

Abbildung abmißt und nebeneinander in einer geraden Linie aufträgt, und ebenso mit den vier Linien des Viereckes und mit den sechs Linien des Sechseckes verfährt. Zur Ausführung der *sechseckigen* Zellen ist daher, bei gleichem Fassungsvermögen, am wenigsten Baumaterial nötig. Und überdies schmiegen sich die sechseckigen Zellen den rundlichen Bienenkindern, die in manchen dieser Kämmerlein aufgezogen werden, weit besser an, als es bei vier- oder gar dreieckigem Wabenbau der Fall wäre.

Die Bienen haben also mit ihren sechseckigen Zellen tatsächlich die beste und sparsamste Form gefunden, die denkbar ist. Wie sie dazu gekommen sind, darüber haben die Gelehrten schon viel geschrieben und geredet, aber herausgefunden hat es noch keiner.

Den zweifachen Zweck der Bienenzellen haben wir schon kurz erwähnt; in ihnen werden die Futtervorräte gespeichert, und es wächst in ihnen die Nachkommenschaft heran. So werden wir uns jetzt mit der Art und Herkunft des Futters und mit der Bienenbrut zu beschäftigen haben.

## 3. Die Ernährung des Bienenvolkes.

Drollige Ernährungssonderlinge gibt es unter den Tieren wie unter den Menschen; nur bleibt beim Menschen der Laune des einzelnen ein weiter Spielraum überlassen, während jeder Tierart von der Natur strenger vorgezeichnet ist, was sie fressen mag und was nicht. Besonders gilt dies auch von den Insekten. Da gibt es z. B. eine Schmetterlingsraupe, die nur Weidenblätter, und zwar nur die Blätter der Salweide frißt und eher an Hunger stirbt als daß sie ihn an den Blättern von anderen Weidenarten oder sonstigen Pflanzen stillt, da gibt es eine andere Raupenart, die sich nur vom Gehörn verendeter Rinder und Antilopen nährt, da gibt es Käfer, die von Holz leben und einen Floh, der nur das Blut des Maulwurfs liebt, da gibt es aber andererseits Raupen, die mit einem Dutzend oder mehr verschiedenartiger Blattgewächse zufrieden sind, einen Floh, der, wie es gerade kommt, an Mensch oder Hund, an Katzen oder Ratten und auch an Vögeln saugt, da gibt es Ameisen, die Honig oder Obst oder Fleisch jeder Art gleich gerne nehmen, wo immer sie es finden.

Diese Unterschiede sind sonderbar; denn im Grunde brauchen alle Menschen und alle Tiere, ob Nahrungsspezialisten oder Allesfresser, die gleichen Nährstoffe, um leben zu können, und sie nehmen sie nur in etwas verschiedener Form zu sich. Wir alle brauchen in der Nahrung Fett und Zucker als Heizstoff für unsere Lebensmaschine, als Kraftquelle für unsere Muskeln, so notwendig, wie die Lokomotive Brennmaterial braucht, um sich bewegen und etwas leisten zu können; nur müssen wir — den Kindern sei's gesagt — nicht durchaus Zuckersachen essen, auch Brot oder Kartoffeln sind Zuckerlieferanten für unseren Körper, denn ihr Hauptbestandteil, die „Stärke", ist in chemischer Hinsicht dem Zucker sehr ähnlich und wird tatsächlich in unserem Inneren nach der Mahlzeit, durch die Tätigkeit unserer Verdauungsorgane, in Zucker umgewandelt. Wir alle brauchen aber auch Eiweiß, das wir hauptsächlich in Form von Fleisch zu uns nehmen, das aber in geringerer Menge auch im Brot, in der Milch und in vielen anderen Nahrungsmitteln enthalten ist, reichlich im Weißen des Hühnereies, daher sein Name stammt; die Substanz des tierischen und menschlichen Körpers besteht zum großen Teil aus Eiweiß, und so kann er nur wachsen, wenn ihm mit der Nahrung Eiweiß zugeführt wird; aber auch der Erwachsene kann das Eiweiß nicht entbehren, weil, ohne daß wir es merken, ständig kleinste Teile unseres Körpers verbraucht und abgestoßen, nach außen abgeschieden werden und ersetzt werden müssen.

Auch unsere Bienen brauchen diese zweierlei Sorten von Nährstoffen, und selten sind sie so klar gesondert wie gerade hier in den beiden Futtersorten, die die Fourageure des Bienenvolkes als einzige Nahrung suchen und eintragen: der zuckerreiche, fast eiweißfreie *Honig* liefert dem Bienenkörper das Heiz- und Betriebsmaterial, der eiweißreiche

*Blütenstaub* daneben die für den wachsenden Körper unentbehrlichen Baustoffe.

Beides finden die Bienen an den Blumen, und nichts anderes suchen sie dort, wenn sie sich so eifrig an den Blüten zu schaffen machen. Hungrige Mäuler gibt es auch im Winter, aber Blumen gibt es dann nicht. Darum sammeln die Bienen in den Frühjahrs- und Sommermonaten, solange alles blüht und die „Tracht" reich ist, einen Honigvorrat im Überschuß, an dem sie im Winter zehren. Die Aufzucht der jungen Bienen, für deren heranwachsenden Körper das Eiweiß unentbehrlich ist, ist auf die Zeit der Blüten, auf die Frühjahrs- und Sommermonate beschränkt. Und so wird Blütenstaub nicht als Wintervorrat gesammelt, sondern nur in dem Maße gespeichert, daß die Ernährung der Brut in Regenwochen nicht ins Stocken kommt.

### *Was der Honig ist, und wie ihn die Bienen sammeln.*

Wenn wir ein Blütenköpfchen des Wiesenklees abreißen, vorsichtig einige von den Einzelblüten, die auf dem Köpfchen vereint stehen, herauszupfen und ihre inneren, röhrenförmig zulaufenden Enden zerkauen, spüren wir einen deutlichen süßen Geschmack. Haben die Bienen unsere Blüten nicht gar zu sehr ausgeplündert, so können wir auch im Ende der Blumenröhre ein kleines, wasserklares Tröpfchen erkennen, das nichts anderes ist als Zuckerwasser. Die meisten Blüten scheiden in der Tiefe ihres Blütengrundes solches Zuckerwasser aus; die Botaniker nennen es Nektar, wir können es auch Honig nennen, denn dieses Zuckerwasser der Blüten, von den Bienen gesammelt und nach Hause getragen, stark eingedickt aber sonst kaum verändert, ist der Honig. Dieser schmeckt freilich anders als reines Zuckerwasser; doch das verdankt er in der Hauptsache dem zäh anhaftenden Blütenduft vom Orte seiner Entstehung, der sich mit dem Wachs- und Bienengeruch vom Orte der Aufspeicherung des Honigs zu dessen feinem Aroma verquickt.

In manchen Blüten liegen die Honigtröpfchen am Grunde flach gewölbter Blumenblätter frei zutage (Abb. 12), und neben Bienen stellen sich dort Fliegen und Käfer und allerhand andere Näscher aus der Insektenwelt als Gäste ein; andere Blüten, wie unser Klee oder die in Abb. 13 dargestellte Thermopsisblüte, sondern den Honig im Grunde tiefer Blumenröhren ab, wo er nur solchen Insekten erreichbar ist, die von der Natur hierfür besonders ausgestattet sind: bei den Bienen, Hummeln und Schmetterlingen erhebt sich um die Mundöffnung ein beweglicher, sinnreich gestalteter Saugrüssel (vgl. Abb. 8 auf S. 8), durch den sie den Honig auch aus tiefen Blumenröhren in ihren Magen schlürfen können.

Abb. 12. Blüte der Weinraute (Ruta graveolens). Die Honigtröpfchen werden von dem ringförmigen Wulst (*W*) in der Mitte der Blüte ausgeschwitzt (dreifach vergrößert). *St* Staubgefäße.

Was wir in unserem Magen haben, verfällt der Verdauung, wird unseren Säften einverleibt und gehört unstreitig uns. Der Magen der Biene aber (vgl. Abb. 14, *M*) ist gleichsam nur ihr Einkaufstäschchen, sein Inhalt gehört der ganzen Familie, dem ganzen Bienenvolk. Beim Blumenbesuch fließt ein Nektartröpfchen nach dem anderen durch den Rüssel und die lange Speiseröhre in diesen Honigmagen; kehrt die Biene von ihrem Sammelfluge in den Stock heim, dann erbricht sie den ganzen Inhalt und er kommt ins Depot, in die Honigzellen. Aber etwas von dem Honig braucht sie natürlich zur eigenen Ernährung. Hat sie Hunger, so öffnet sie ein wenig das ventilartige Verbindungsstück (*V* in

Abb. 13. Blüte von Thermopsis montana, längs durchgeschnitten. Der Honig (*H*) im Grunde einer tiefen Blumenröhre abgesondert (zweifach vergrößert). *St* Staubgefäße.

Abb. 14), das vom Gemeinschaftsmagen in den anschließenden Darm hinüberführt; erst was hier durchgeflossen ist, wird verdaut und dient dem Bedarf des eigenen Körpers.

Der Honigtropfen, den eine Biene von einem Sammelflug heimbringt, ist nicht groß; ist doch ihr Honigmagen nicht viel größer als ein Stecknadelkopf, und an die 60 mal müßte sie ihn aus den Blumen vollpumpen und wieder entleeren, um einen Fingerhut zu füllen. Aber das Honigtröpfchen, das die einzelne Blüte bietet, ist noch viel kleiner, und unsere

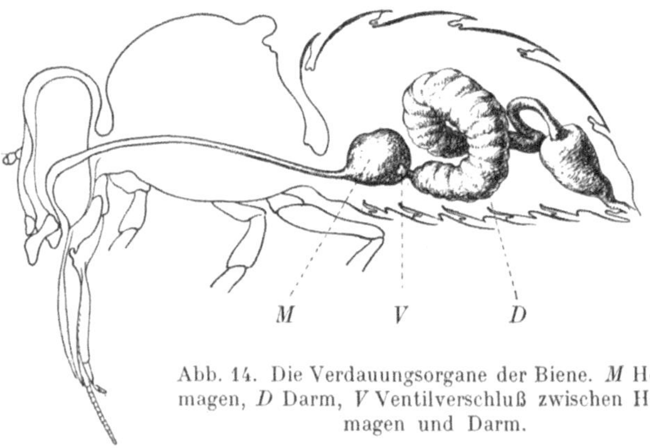


Abb. 14. Die Verdauungsorgane der Biene. *M* Honigmagen, *D* Darm, *V* Ventilverschluß zwischen Honigmagen und Darm.

Sammlerin muß an die 1000 bis 1500 Einzelblüten des Klee befliegen, um ihren Magen einmal zu füllen. Wenn trotzdem manches Bienenvolk zu günstigen Zeiten mehr als 1 kg Honig an *einem* Tage aufspeichert, so zeigt dies, wie emsig es am Werke ist. Aber der Schlecker, der einen Löffel Honig wie einen Löffel Milch hinunterschluckt, mag manchmal daran denken, durch wieviel Arbeit er zustande kam.

### *Der Blütenstaub und die „Höschen" der Bienen.*

Der Blütenstaub ist in den Blumen leichter zu sehen als die oft so versteckten Nektartröpfchen. Die „Staubgefäße" oder „Pollenblätter" (den Blütenstaub nennen die Botaniker auch den „Pollen“ der Blumen) bringen ihn hervor. Diese Staubgefäße (vgl. Abb. 12 u. 13, *St.*), je nach der Pflanzenart in geringer Zahl oder zu vielen Dutzenden in jeder Blüte vorhanden, entspringen als zarte Fäden im Blütengrunde und sind am freien Ende zu kleinen Polstern verdickt; hier entsteht der Blütenstaub, meist als ein gelbliches, bei anderen Blumen weißliches oder rötliches Pulver, oft so reichlich, daß wir nur mit dem Finger daran zu streifen brauchen, um ihn wie mit Puder zu bedecken. Hier holen ihn die Bienen.

Es sind in der Regel nicht dieselben Arbeitsbienen, die den Honig sammeln. Die Sonderung der Arbeitsleistungen geht hier ähnlich weit wie in einer modernen Fabrik, wo etwa in einer Schuhwerkstätte viele Schuster angestellt sind, aber mit verschiedenen Aufgaben: der eine schneidet das Leder zu, der andere näht mit der Maschine die Teile zusammen, ein dritter schlägt die Nägel ein usw., jeder beschränkt sich auf eine engumgrenzte Tätigkeit und erwirbt in dieser ein besonderes Geschick. Ähnlich sind auch in der Werkstätte der Bienen die Arbeiten wohl verteilt, so daß sogar von den Fourageuren der eine nur nach Honig, der andere nur nach Blütenstaub ausgeht, jeder ganz seiner Sache hingegeben. Und es ist keine leichte Sache, das Pollensammeln. Auch ein vollendeter Taschenspieler wird vor dieser Fertigkeit der kleinen Beinchen Respekt haben.

Abb. 15. Mit „Höschen“ heimkehrende Pollensammlerin. An den Hinterbeinen die Klumpen von Blütenstaub.
(Phot. Dr. Leuenberger.)

Der Blütenstaub wird beim Einsammeln nicht verschluckt, wie der Honig, sondern er wird — wie die Imker sagen — gehöselt, d. h. zu Klumpen geballt, außen an die Hinterbeine geklebt, und mit diesen Höschen an den Beinen, die wohl jeder schon gesehen hat (Abb. 15) kehrt die Pollensammlerin nach Hause. Der Vorgang des Sammelns vollzieht sich mit so unglaublich raschen Bewegungen, daß es kaum möglich ist, ihm mit den Augen zu folgen. Es hat einigen Scharfsinn gebraucht, bis man ihn richtig erkannt hat.

Zu guter Arbeit gehört vor allem ein gutes Werkzeug, und mit solchem sind die Arbeitsbienen von Haus aus versehen. Abb. 16 zeigt, wie ihre Beine am Körper sitzen. Sie bestehen, wie jedes Insektenbein, aus einigen gelenkig miteinander verbundenen Teilen, von denen uns nur die größten interessieren: der Oberschenkel (*O.*), der Unterschenkel (*U.*) und der Fuß (*F.*), der seinerseits wieder aus mehreren Gliedern zusammengesetzt ist. An den *Hinter*beinen (Abb. 17), die beim Pollensammeln eine besondere Rolle spielen, ist das erste *Fuß*glied stark vergrößert und verbreitert und trägt an der Innenseite einen dichten Besatz von steifen Haarborsten, das „Bürstchen". Auch der Unterschenkel der Hinterbeine ist besonders

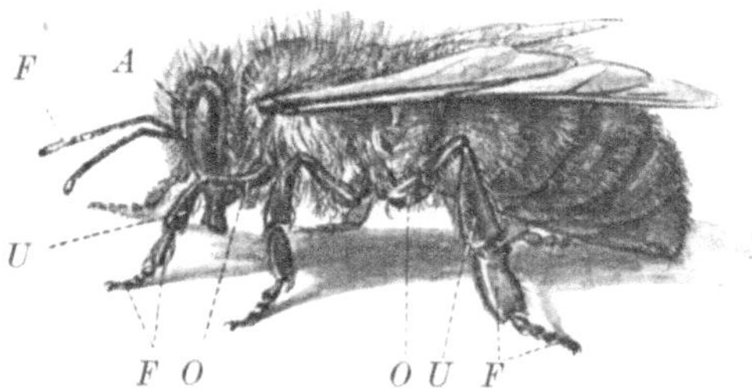


Abb. 16 Arbeitsbiene. *O* Oberschenkel, *U* Unterschenkel, *F* Fuß. *A* Auge, *F* Fühler (dreieinhalbfach vergrößert).

gestaltet, er ist an der Außenseite von langen Haaren umsäumt, die ein glattes, teilweise schwach vertieftes Feld umgrenzen, das „Körbchen". In den Körbchen werden die Pollenklumpen heimgetragen. Und wie sie dorthin gelangen, das vollzieht sich in der Hauptsache so:

Jede Biene, die ausfliegen will, um Pollen zu sammeln, nimmt zunächst in ihrem Honigmagen von daheim ein bißchen Honig mit. An den Blüten setzt sie sich auf die Staubgefäße, wie man das an den großen Mohnblüten oder wilden Rosen so besonders schön sehen kann, kratzt mit ihren Kiefern und Vorderbeinen den losen Blütenstaub behende herunter und befeuchtet ihn zugleich mit dem mitgebrachten Honig, um ihn klebrig zu machen. Ist reichlich Pollen vorhanden, so bleibt er zwischen den Haaren des ganzen Körpers hängen, während die Biene in der Blüte herumarbeitet, und sie sieht dann bisweilen aus wie mit Mehl bestäubt. Während sie zur nächsten Blüte weiterfliegt, sind die Beine unter ihrem Bauch in fieberhafter Tätigkeit: mit den Bürstchen der Hinterbeine bürstet sie den Blütenstaub aus ihrem Körperkleid und von den anderen Beinen ab, dann kämmt sie

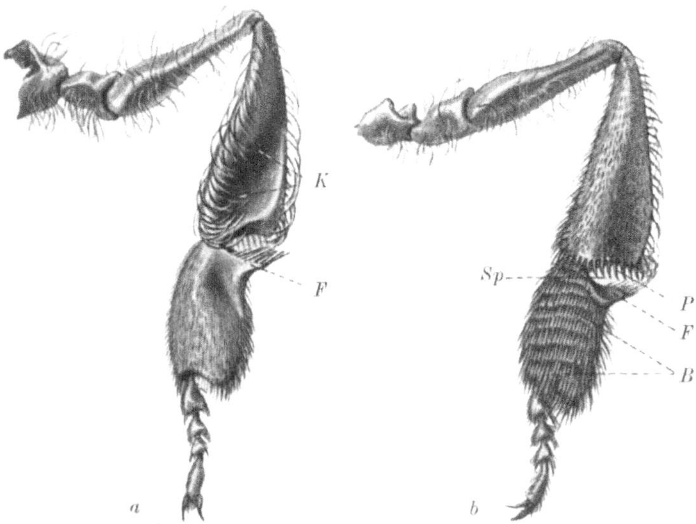


Abb. 17. Ein Hinterbein der Arbeitsbiene: *a* von außen, *b* von innen gesehen, zehnfach vergrößert. Das erste Fußglied ist stark vergrößert und trägt innen das Bürstchen *B*. Aus dem Bürstchen wird der Blütenstaub mit dem Pollenkamm (*P*) des anderen Hinterbeines herausgekämmt. Ein Druck des Fersenspornes (*F*) drückt den Pollen aus dem Kamm durch die Spalte *Sp* auf die Außenseite des Unterschenkels in das Körbchen (*K*), eine von einem Haarkranz umsäumte Vertiefung, in welcher der Blütenstaub heimgetragen wird.

mit einem steifen Borstenkamm, der am Ende des Unterschenkels sitzt (Abb. 17*b*, *P*.), den Pollen aus dem Bürstchen des anderen Beines heraus, abwechselnd rechts und links; nun hängt der Blütenstaub im Kamm, aber nur für einen Augenblick, dann wird er durch einen geschickten Druck des Fersenspornes (Abb. 17*a*, *F*.) durch die Spalte (*Sp*.) hindurch auf die andere Seite, die Außenseite des Unterschenkels, hinüber und ins Körbchen hinauf geschoben. Hier wird so von unten her Schub auf Schub nachgedrückt, das Höschen wächst und wird immer weiter hinaufgeschoben (Abb. 18), bis es schließlich das Körbchen ganz ausfüllen kann. Die Mittelbeine drücken und klopfen ab und zu von außen darauf, daß der Ballen gut zusammenhält und nicht verlorengeht.

Abb. 18. Ein Hinterbein einer pollensammelnden Arbeitsbiene: *a* zu Beginn, *d* gegen Ende des Sammelfluges. Allmähliches Anwachsen der Höschen. In *b* und *d* wird gerade durch Druck des Fersenspornes (*F*) eine neue Ladung Blütenstaub von unten in das Körbchen geschoben. (Nach Casteel.)

Heimgekehrt, streift die Sammlerin die Höschen in eine Zelle ab. Nie werden die Honig- und Pollenvorräte durcheinander gemischt, sondern beiderlei Futter wird in getrennten Zellen der Waben gespeichert und dort bei Bedarf geholt.

### *Was die Blumen gewinnen, wenn sie von den Bienen geplündert werden.*

Daß sich die Bienen den Honig und Blütenstaub aus den Blumen holen, ist ihnen nicht zu verdenken; daß ihnen die Pflanzen diese beiden nahrhaften Stoffe bieten, geschieht aber auch zu ihrem eigensten Nutzen.

Die Pollenkörner sind die männlichen Keime der Blütenpflanzen, entsprechend dem Samen der Tiere. Die weiblichen Keime, entsprechend den Eiern der Tiere, werden häufig — doch nicht immer — von den gleichen Blüten hervorgebracht, die auch den Pollen erzeugen, und liegen in einer Anschwellung des Blütengrundes, dem Fruchtknoten (Abb. 19). Wie sich ein Hühnerei nur dann zu einem Küken entwickeln kann, wenn es von einem Hahn befruchtet worden ist, so können sich die weiblichen Keimanlagen im Fruchtknoten der Blüte nur nach Vereinigung mit den männlichen Keimen, dem Blütenstaub, zu reifen, entwicklungsfähigen Samenkörnern und aus diesen zu jungen Pflanzen weiterbilden.

Damit die Blüte befruchtet (bestäubt) wird, muß etwas Blütenstaub auf die klebrige Narbe (*N.*, Abb. 19) gelangen, von wo der Inhalt der Pollenkörner durch den Griffel der Blüte (*G.*) hinunterwandert und mit den weiblichen Anlagen verschmilzt. Gelangt kein Pollen auf die Narbe, so gibt es keine Früchte. Die Blüte kann aber in der Regel den Pollen nicht selbst aus den Staubgefäßen auf die Narbe streuen, weil sie sich nicht zu bewegen vermag. Auch scheint es gar nicht vorteilhaft zu sein, wenn der Blütenstaub auf die Narbe derselben Blüte gelangt, wie ja auch bei Tieren strenge Inzucht schädlich werden kann. Es gibt gesündere Nachkommenschaft, wenn der Pollen auf *andere* Blüten der betreffenden Pflanze gerät, und es finden sich vielerlei Mittel, die solches begünstigen. Häufig sind die Blüten für den Pollen, den sie selbst erzeugt haben, gar nicht empfänglich, so daß Selbstbestäubung unfruchtbar bleibt.

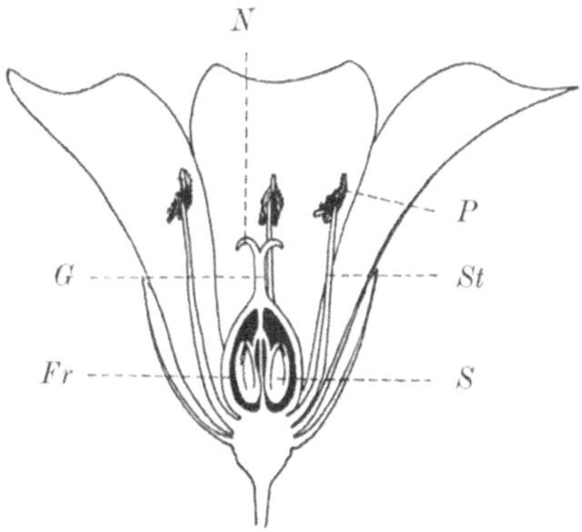

Abb. 19. Eine Blüte, mitten durchgeschnitten: *S* Samenanlage, *Fr* Fruchtknoten, *G* Griffel, *N* Narbe, *P* Pollen, *St* Staubgefäß.

Wenn nun eine pollensammelnde Biene von Mohnblume zu Mohnblume, oder von Rose zu Rose fliegt, dann trägt sie den Pollen von Blüte zu Blüte und streift, von ihrer Arbeit bestäubt wie ein Müllerknecht, unfehlbar auch an der Narbe einige Pollenkörner ab und befruchtet sie. Aber auch die Honigsammlerinnen streifen an Staubgefäßen und Narben an, wenn sie sich um den süßen Saft im Blütengrunde bemühen, und wirken so als unbewußte Züchter. Mit wie großem Erfolg, das zeigt als ein Beispiel die Photographie

Abb. 20. Einfluß des Bienenbesuches auf den Fruchtansatz: Von zwei Birnbaumzweigen war der eine während der Blüte mit Gaze überspannt, so daß die Bienen nicht heran konnten. An ihm entwickelte sich keine einzige Frucht, während am anderen Zweig 33 Birnen entstanden. (Nach Zander.)

(Abb. 20) anschaulicher, als es sich in Worten sagen läßt. An einem Birnbaum wurden zur Blütezeit zwei Äste ausgewählt, welche die gleiche Zahl von Blüten trugen. Der eine wurde mit Gaze eingebunden, so daß die Bienen an seine Blüten nicht heran konnten. Aus den Blüten des Zweiges, der den Bienen zugänglich war, entwickelten sich 33 Birnen, an dem anderen Zweig entstand keine einzige Frucht.

Auch andere Insekten wirken als Blütenbestäuber, man kann ja an einem sonnigen Frühlingstage ein buntes Volk von Hummeln, Schmetterlingen, Käfern, Fliegen an den Blumen sich tummeln sehen. Aber die Bienen sind doch die wichtigsten Pollenüberträger, wegen ihrer großen Zahl, wegen ihres Sammeleifers, auch wegen ihres guten Rüstzeuges, das sie zum Besuch mancher Blumen befähigt, die von Insekten mit minder gutem Werkzeug nicht ausgebeutet werden können. Wenn die Bienen nicht wären, würden daher nicht nur unsere Obstbäume, sondern auch Klee und Raps, Bohnen und Gurken, Heidel- und Preißelbeeren, unzählige Wiesenblumen und sonstigen Gewächse keine oder sehr viel weniger Früchte tragen.

Die Früchte von heute sind aber die Pflanzen von morgen. Aus den Samen wächst die nächste Generation heran und Pflanzen, die keine oder zu wenig Samen hervorbringen, sterben aus. Dadurch, daß die Blüten Honig abscheiden, ziehen sie die Insekten heran; diese finden den Honig, sie nehmen auch vom Überfluß des Blütenstaubes. Aber sie spielen nicht die Plünderer, denn während sie nehmen, geben sie auch, sie vollziehen die Bestäubung, sichern den Samenansatz und die Erhaltung der Art. Ein schönes Wechselverhältnis, und um so wunderbarer, als keines von beiden weiß, was es tut.

## 4. Die Bienenbrut.

Das junge Hühnchen, das aus dem Ei schlüpft, ist in mancher Hinsicht noch ein unentwickeltes Ding, aber im großen ganzen gleicht es doch den Eltern und hat wie diese zwei Beine und zwei Flügel, zwei Augen und einen Schnabel usf. Aus dem Bienenei aber kommt ein kleines weißes Würmchen, das mit der Bienenmutter nicht die geringste Ähnlichkeit hat, ohne Kopf und ohne Augen, ohne Flügel und ohne Beine.

Dies kommt ja bei Tieren häufig vor. Jenen weißen Maden, die bisweilen zum Schrecken der Hausfrau in einem vergessenen, bereits übelriechenden Stück Fleisch oder in allzu altem Käse auftauchen, sieht man es auch nicht an, daß sie sich später in Fliegen verwandeln, und wenn wir es nicht von Kind auf wüßten, könnten wir nicht ahnen, daß aus den Raupen Schmetterlinge werden; denn sie sehen ganz anders aus.

Daß wohl die Küken mit ihren Flügeln, die Bienen und andere Insekten aber ungeflügelt und als wurmähnliche „Larven“ aus dem Ei schlüpfen, hat seinen guten Grund. Das Küken trägt, wie alle Vögel und wie übrigens auch ein Frosch oder ein Pferd oder der Mensch, sein Skelet im Inneren des Körpers; die Knochen geben der ganzen Gestalt ihre Form und festen Halt. Die Insekten haben keine Knochen im Inneren, sie haben statt dessen einen festen Panzer als äußere Hautbedeckung; wer je eine Biene oder einen Käfer in der Hand hatte, weiß, wie hart sie sich anfühlen. Ein solcher fester Panzer ist praktisch, er gibt den kleinen Tieren vor allem einen gewissen Schutz gegen Verletzungen, aber er ist die Ursache, daß die Insekten nicht so wie wir oder wie das Hühnchen *allmählich* wachsen können, denn er ist nicht dehnbar. Darum wachsen die Insekten ruckweise. Von Zeit zu Zeit sprengen sie den Hautpanzer, streifen ihn ab, sie „häuten sich“, und wachsen in wenigen Stunden ein Stück heran, um dann einen größeren Panzer neu zu bilden. Diese Häutung ist keine Kleinigkeit, denn jedes der sechs zarten Beine steckt in einer Panzerröhre und muß daraus heil hervorgezogen werden. Daß aber die großen, dünnen Flügel einer Biene oder gar eines Schmetterlings, die außen breiter sind als an der Ansatzstelle, und die — bei aller Dünnheit — auch in einem Panzerhemdchen stecken, heil daraus hervorgezogen werden könnten, dies wäre ein Kunststück, das selbst die Natur nicht fertig bringt. Darum haben die Insekten, solange sie wachsen, nur kurze Flügelstummel oder überhaupt keine Flügel. Auch die Beine sind kürzer oder fehlen ganz; je glatter der Körper, desto einfacher und ungefährlicher die Häutung. Ist schließlich die Bienenmade oder Schmetterlingsraupe herangewachsen, so wird sie zur Puppe. Dies ist ein Ruhestadium nach außen, aber ein Stadium des regen Umbaues und der Umgestaltung im Inneren, bis auch die Puppe ihr Panzerhemd sprengt und das geflügelte Insekt bei dieser letzten Häutung zum Vorschein kommt. Dieses kann nicht mehr wachsen, denn es kann sich nicht mehr häuten. Es ist ein gründlicher, aber weit verbreiteter Irrtum, ein kleiner Käfer sei ein junger Käfer. Ein junger Käfer ist ein gelber Wurm oder eine weißliche Made.

Doch, um nun bei den Bienen zu bleiben: Wenn man zu günstiger Jahreszeit und in einem geeigneten Beobachtungsbienenstock die Königin sucht, so findet man sie in der Regel damit beschäftigt, langsam, fast majestätisch auf den Waben herumzuspazieren und ihre Eier abzusetzen. Im Frühjahre kann eine leistungsfähige Königin in 24 Stunden etwa 1500 Eier legen, d. h. sie legt durchschnittlich Tag und Nacht jede Minute ein Ei. In Wirklichkeit hat sie ihre Ruhepausen, legt aber in der Zwischenzeit entsprechend rascher. Dabei sind die Bieneneier im Verhältnis gar nicht so sehr klein; jene 1500, an einem Tage abgelegten Eier haben, zusammengenommen, das gleiche Gewicht wie die ganze Königin. Man sieht, wie rasch hier die Eier im Mutterleibe heranwachsen müssen und man versteht, daß die Königin für anderweitige Beschäftigung nicht zu haben ist.

Mit der Eiablage verfährt die Königin so, daß sie zunächst ihren Kopf in eine Zelle steckt und sich überzeugt, ob sie

*a*

*b*

Abb. 21. Die Königin bei der Eiablage; *a* eine Zelle wird inspiziert, ob sie zur Aufnahme eines Eies geeignet ist; *b* das Ei wird in die Zelle abgelegt.

leer und zur Aufnahme eines Eies geeignet ist (Abb. 21 *a*). Ist dies der Fall, dann senkt sie den Hinterleib in eben diese Zelle (Abb. 21 *b*), verweilt ein paar Sekunden ganz still, und wenn sie ihn wieder hervorzieht, erkennt man am Grunde der

Zelle das längliche Ei. Die Königin aber ist schon auf der Suche nach einer Zelle für das nächste.

Nun darf man sich nicht vorstellen, daß sie hierbei wahllos auf allen Waben herumstreift und bald hier, bald dort ein Ei hineinsetzt. Das wäre auch für den Imker bedauerlich, denn er würde dann mit jeder herausgenommenen Honigwabe einen Teil der Brut vernichten, und der Käufer einer solchen Wabe würde auch ein langes Gesicht machen,

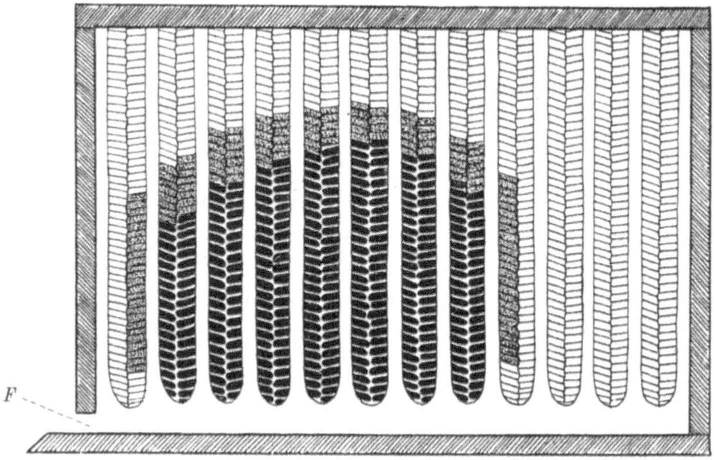


Abb. 22. Längsschnitt durch einen Bienenkasten samt Waben, um die Anordnung und Ausdehnung des Brutnestes zu zeigen; schwarz die Zellen, welche die Brut enthalten; punktiert die Zellen, die mit Blütenstaub angefüllt sind; weiß die Honigzellen. *F* Flugspalt.

wenn er sie mit weißen Maden durchsetzt fände. Es herrscht vielmehr eine bestimmte Ordnung, indem die Königin nur die vorderen und mittleren Waben des Bienenstockes, und von diesen nur die mittleren Teile, nicht die Randbezirke, mit Eiern besetzt. So entsteht das „Brutnest", dessen ungefähre Ausdehnung in einem Bienenstock, zur Zeit reichlichen Nachwuchses, in der Skizze (Abb. 22) angegeben ist. Die schwarz ausgefüllten Zellen enthalten die Eier und die Maden der Bienen. Heben wir eine solche Wabe heraus, so finden wir also ihren mittleren und unteren Teil mit Brut besetzt

(Abb. 23, 24). In den angrenzenden Zellen speichern die Arbeitsbienen Blütenstaub auf, so daß der Brutbereich gewöhnlich von einem Kranz von Pollenzellen (in Abb. 22 punktiert, in Abb. 23 u. 24 mit *P.* bezeichnet) umgeben ist, und in den Randteilen der Brutwaben, außerdem aber in den ganzen Waben, die vor und hinter dem Brutnest, bei vielen Stöcken auch über ihm gelegen sind, wird der Honig abgelagert (die weißen Zellen in Abb. 22). Die nur mit Honig

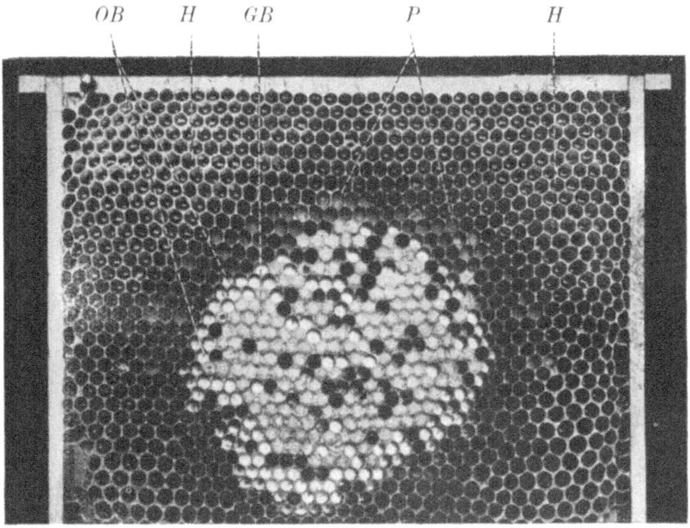


Abb. 23. Typische Anordnung in einer „Brutwabe": Im mittleren Teil die Brut; in den offenen Zellen erkennt man die weißen Bienenmaden (sogenannte offene Brut *OB*); andere Brutzellen sind schon zugedeckelt, sie enthalten die Puppen (gedeckelte Brut *GB*); über der Brut ein Kranz von Pollenzellen (*P*), darüber und rings herum glänzt der Honig (*H*). (Phot. Dr. Rösch.)

gefüllten Waben sind es, die der Imker bei der Honigernte seinen Bienen wegnehmen kann. Doch darf er ihnen nicht alles nehmen, er muß abschätzen, was das Volk als Wintervorrat braucht, und nur den Überschuß wird er sich zunutze machen.

Aus dem abgelegten Ei schlüpft nach drei Tagen die kleine weiße Made (Abb. 24). Sie wird sogleich in ihrer Zelle von den Arbeitsbienen mit Futter versorgt und entfaltet einen solchen Appetit, daß sie binnen 6 Tagen ihr gesamtes Wachstum vollendet. Die Abb. 25 zeigt, genau dem wirklichen Größenverhältnis entsprechend, den Umfang des Bieneneies und der 6 Tage alten Made. Ihr Gewicht nimmt

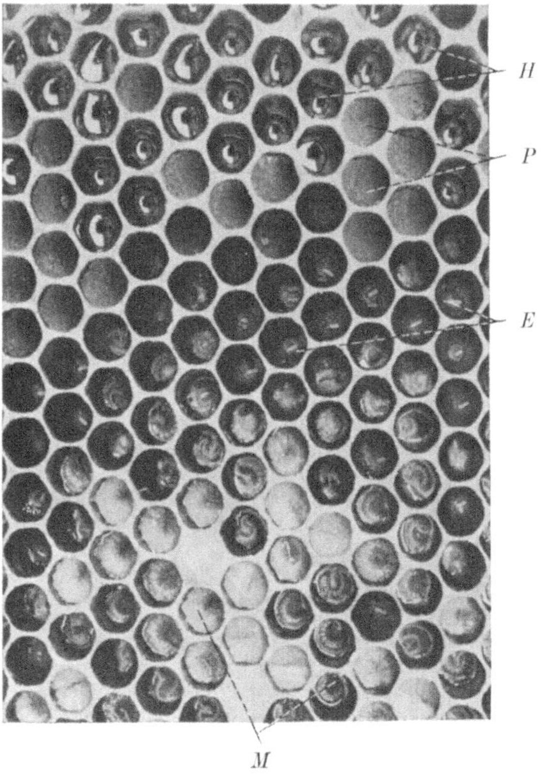


Abb. 24. Ausschnitt vom Rande eines Brutnestes. *E* am Boden der Zellen abgelegte Eier; *M* Maden verschiedenen Alters; *P* mit Pollen gefüllte Zellen; *H* mit Honig gefüllte Zellen. (Phot. Dr. Leuenberger.)

in diesen 6 Tagen um mehr als das 500fache zu. Das hieße, auf menschliche Verhältnisse übertragen, ein neugeborenes Kind hätte nach 6 Tagen ein Gewicht von 16 Zentnern erreicht. Nun folgt das Stadium der äußeren Ruhe, in dem sich die Verwandlung der Made in die fertige Biene vollzieht.

Die Arbeitsbienen bauen jetzt über die Zelle ein zartes, gewölbtes Deckelchen aus Wachs, und gleichsam als wollte sie auch ihrerseits dokumentieren, daß sie nun ungestörte Ruhe braucht, spinnt die Made von innen her unter dieses Wachsdeckelchen noch ein dichtes Gespinst, entsprechend dem Kokon, den viele Schmetterlingsraupen vor ihrer Verpuppung anfertigen. Der Imker bezeichnet dieses Stadium, im Gegensatz zur heranwachsenden „offenen Brut", als das der „gedeckelten Brut" (Abb. 23 S. 27, *OB* und *GB*). In der geschlossenen Zelle verpuppt sich die Made und 12 Tage nach dem Beginn des Ruhestadiums, genau 3 Wochen nach der Ablage des Eies wird der Deckel aufgebrochen

Abb. 25. *a* Bienenei, *b* Bienenmade, sechs Tage nach dem Ausschlüpfen aus dem Ei. Beide Bilder zweifach vergrößert.

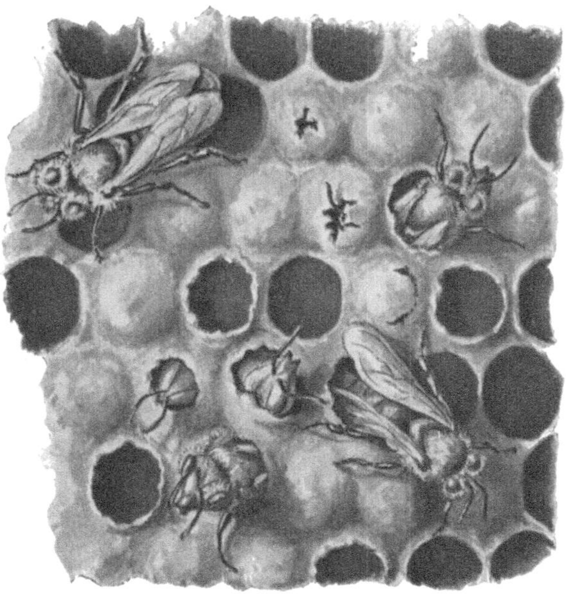

Abb. 26. Ausschlüpfende Bienen. An drei Zellen wird der Zelldeckel soeben erst durch die schlüpfreifen Bienen von innen aufgenagt; oben links eine frisch geschlüpfte Biene.

und die fertige, geflügelte Biene steigt aus der Zelle heraus (Abb. 26).

Da die Königin vom zeitigsten Frühjahr bis in den Herbst hinein Eier legt, findet man etwa von Anfang März ab, oft bis in den Oktober hinein stets Brut in allen Altersstadien. Die Brutzellen, aus denen Bienen ausgeschlüpft sind, werden von der Königin bald wieder mit Eiern beschickt.

Die Brutpflege der Arbeitsbienen beschränkt sich nicht auf die 6 Tage des Wachstums, in denen die Bienenmade gefüttert werden muß. Sie erstreckt sich, weniger augenfällig, aber darum nicht weniger wunderbar, auf die ganze Entwicklungszeit, vom abgelegten Ei bis zur schlüpfenden Biene. Die Brut braucht nämlich, um sich normal entwickeln zu können, eine bestimmte Temperatur von 35—36° C, also eine Wärme, die beinahe der menschlichen Körpertemperatur entspricht und so genau wie diese eingehalten wird. Was das bedeutet, mag eine kleine Abschweifung klarmachen.

Unser Körper behält seine bestimmte Temperatur, auf die alle unsere Lebensvorgänge eingestellt sind, Sommer und Winter, in Hitze und Kälte. Nur im Fieber kann sie um wenige Grade steigen, bei tiefster Erschöpfung um wenige Grade sinken. Dieses Einhalten der bestimmten Körpertemperatur ist nur möglich durch eine dauernde Temperatur*regulation,* die unser Körper ohne unseren Willen und meist ohne unser Wissen auf das Genaueste und in verwickelter Weise besorgt. Steigt die Körpertemperatur nur um Bruchteile eines Grades über das normale Maß, dann strömt das Blut in die Haut, wo die Wärme nach außen abgegeben werden kann — daher das rote Gesicht des Erhitzten —, es wird die innere Heizung unseres Körpers auf das mögliche Mindestmaß zurückgestellt und wir beginnen zu schwitzen; durch das Verdunsten des Schweißes wird Wärme verbraucht und der Körper gekühlt. Wird umgekehrt die Körpertemperatur um ein Weniges zu nieder, so wird das Blut aus der Haut mehr in die tieferen Teile des Körpers geleitet, dadurch die Abgabe von Körperwärme nach außen vermindert, im Inneren wird durch gesteigerte Verbrennung von Fett und Zucker, den Heizstoffen des Körpers, mehr Wärme erzeugt und wenn dies noch nicht ausreicht, beginnen wir am ganzen Körper zu zittern — das ist nichts anderes, als Muskelbewegung ohne Bewegungssinn, nur zur Erzeugung von Wärme.

Aber die Fähigkeit der Temperaturregulation haben nur wenige Tiere: mit dem Menschen die Säugetiere und außerdem die Vögel. Alle anderen, Eidechsen und Schlangen, Frösche und Fische, Schnecken und Würmer, Krebse, Insekten usw., sind in ihrer Körpertemperatur von der Umgebung abhängig. Eine Eidechse ist heißblütig in der warmen Sonne, und dann erwacht bekanntlich ihr Temperament, aber in der Kühle des Abends sinkt ihre Bluttemperatur und sie wird schläfrig und unbeweglich. So ist es auch mit Käfern, Schmetterlingen oder Bienen, sie alle haben eine schwankende Körpertemperatur, sie vermögen zwar ihren Körper etwas zu heizen und zu erwärmen, aber sie können ihn nicht auf eine bestimmte Wärme einstellen und werden darum auf das Schroffste von der Temperatur der Umgebung beeinflußt.

Um so merkwürdiger ist die konstante Temperatur von fast genau 35° C im Brutnest der Bienen. Wir sehen, daß sich bei kühler Witterung die Arbeitsbienen dicht auf den Brutwaben zusammendrängen, mit ihren Körpern die Brutzellen bedecken wie mit Federbettchen, und so die Wärmeabgabe nach Möglichkeit verhindern; wir sehen sie bei großer Wärme auf den Waben sitzen und mit den Flügeln fächeln, als kleine lebende Ventilatoren sich in geordneter Weise die Luft zuwerfen und einen Strom der überwärmten Luft zum Flugloch hinaustreiben. Aber das sind verhältnismäßig grobe Behelfe, die für sich allein die genaue Einstellung der Bruttemperatur unmöglich erklären können. Wie sie diese zu Wege bringen, das gehört zu den vielen Rätseln, die das Bienenvolk noch birgt.

Wir haben bisher von der Bienenbrut schlechtweg gesprochen und dabei nicht beachtet, daß ja die dreierlei Wesen, die wir im Volk gefunden haben: Königin, Drohnen und Arbeiterinnen, aus der Brut hervorgehen müssen. Die vorhin gemachten Angaben über die Entwicklungszeit gelten tatsächlich nur für die Arbeitsbienen. Die Königin braucht etwa 5 Tage weniger, die Drohnen etwa 3 Tage länger, um aus dem Ei zur fertigen Biene zu werden.

Ob aus einem Ei eine Arbeitsbiene oder eine Königin wird, das bewirken die pflegenden Arbeiterinnen; geben sie der jungen Made besonders nahrhaftes Futter in übergroßer Menge und bauen sie ihr als Wohnung eine Zelle, die über das gewöhnliche Maß der Bienenzelle weit hinausgeht, dann wird aus der Made eine voll entwickelte weibliche Biene, eben die Königin; die Imker nennen sie auch den „Weisel" des Volkes, und jene Zellen darum die „Weiselzellen" (Abb. 27). Werden die Maden in einer gewöhnlichen, engen Bienenzelle bei schmälerer Kost aufgezogen, so werden sie zu verkümmerten Weibchen, zu Arbeitsbienen.

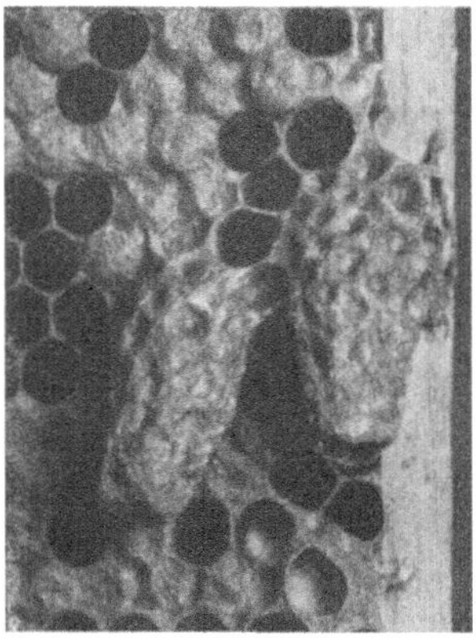

Abb. 27. Wabenausschnitt mit zwei Weiselzellen, in welchen je eine Königin herangezüchtet wird.

Ob aber aus einem Ei eine weibliche Biene (sei es Königin oder Arbeiterin) oder eine männliche Biene (Drohne) hervorgeht, das entscheidet die Königin in dem Augenblick, wo sie das Ei ablegt. Die Fähigkeit hierzu liegt in folgendem begründet:

Eine Königin wird etwa 4 bis 5 Jahre alt, aber nur ein einziges Mal, in ihrer Jugend, vereinigt sie sich auf dem „Hochzeitsflug" mit einem Männchen. Von dieser Zeit an führt sie in ihrem Hinterleib, in einem Bläschen wohl verwahrt, Samen von jenem Männchen. Die Blase steht durch einen dünnen Kanal mit dem Gang in Verbindung, durch welchen die Eier abgelegt werden (vgl. Abb. 28). Durch einen höchst präzisen Mechanismus kann nun die Königin, wenn hier ein Ei vorbeigleitet, einige Samenfäden aus jener Blase dazutreten lassen, dann wird das Ei befruchtet. Oder sie unterläßt dies, dann wird das Ei unbefruchtet abgelegt. Aus den unbefruchteten Bieneneiern werden Männchen, aus den befruchteten aber Weibchen (Königin oder Arbeiterin). Wieso das Geschlecht hier in dieser Weise von der Befruchtung abhängig ist, das wissen wir nicht; es ist diese Art der Geschlechtsbestimmung keineswegs allgemein, vielmehr eine seltene Ausnahme und nahezu auf die Bienen beschränkt.

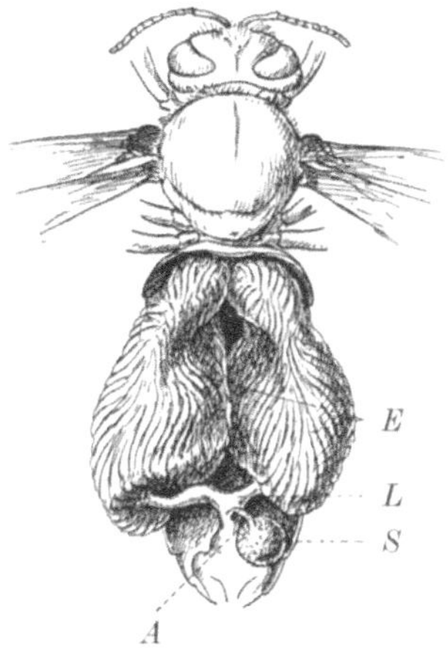


Abb. 28. Bienenkönigin, Hinterleib von oben geöffnet und die Eierstöcke etwas seitlich auseinandergelegt. *E* Eierstöcke, *L* Eileiter (Ausführgang der Eierstöcke), *S* Samenbehälter, *A* Ausführgang des Samenbehälters.

Ob es Drohnen geben soll oder nicht, liegt also in der Macht der Königin. Aber die Arbeitsbienen tun das Ihrige dazu: die Drohnen sind größer als die Arbeitsbienen, und zur Aufzucht der Drohnenbrut sind darum auch größere Zellen nötig, die von den Arbeiterinnen gebaut werden müssen. Bis auf ihre bedeutenderen Ausmaße gleichen sie ganz den gewöhnlichen Brut- und Vorratszellen (vgl. Abb. 29). Erst müssen solche Drohnenzellen bereitet sein, dann belegt sie die Königin mit unbefruchteten Eiern — so haben auch hier die Arbeitsbienen die Führung und die Königin ist ihr Werkzeug.

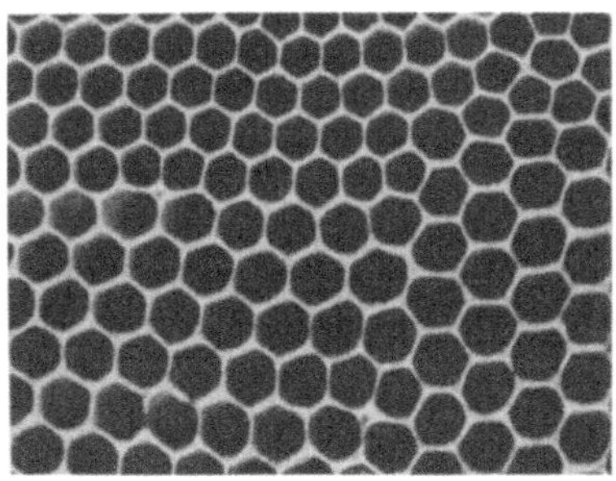

Abb. 29.
Ausschnitt aus einer Brutwabe, oben Zellen, in denen Arbeitsbienen aufgezogen werden, unten die großen Drohnenzellen (phot. Dr. Rösch).

## 5. Der Bienenschwarm.

Das Frühjahr, die Zeit des Blühens und des reichsten Futtersegens, ist auch die Zeit des stärksten Brutansatzes. Bei der raschen Entwicklung der Maden führt das eifrige Eierlegen der Königin zu einer schnellen Vermehrung der Bienen und hierdurch zu einem raschen Erstarken des Volkes, aber nicht unmittelbar zu einer Vermehrung der Völker, denn jedes Bienenvolk ist ja mit seiner Königin ein geschlossener „Staat" und aus der Brut wächst nur die Zahl der Bürger.

Es müssen sich aber auch die Völker als solche vermehren. Denn nicht selten geht eines durch Krankheit, durch Hungersnot nach einem schlechten Sommer oder durch sonstiges Mißgeschick zugrunde und würden nicht andererseits neue Völker entstehen, so gäbe es bald keine Bienen mehr.

Ein neuer Stock braucht eine neue Königin; erst wenn für diese gesorgt ist, kann sich das Volk als solches vermehren, und dies vollzieht sich durch das „Schwärmen" der Bienen.

Die Vorbereitung geschieht in aller Stille. Zumeist im Mai legen die Arbeiterinnen einige Weiselzellen an und züchten in diesen durch die besondere Art der Fütterung die jungen Königinnen heran. *Eine* würde zumeist genügen, aber dieser kann ein Unglück zustoßen und es ist für die Bienen ein Leichtes, ein paar überflüssige Königinnen zu beseitigen, aber unmöglich, eine fehlende im Augenblick herbeizuschaffen. Die Natur kennt keine Sentimentalität. Und so werden ein halb Dutzend oder mehr Königinnen herangezüchtet, von denen die Mehrzahl von vornherein dem Tode verfallen ist.

Etwa eine Woche, bevor die erste junge Königin aus ihrer Zelle schlüpft, schwärmt das Volk. Wieder scheint die Initiative von den Arbeiterinnen auszugehen. Schon seit einigen Tagen hat ihre Tätigkeit etwas nachgelassen. Bei einem starken Volk lagern sie in dicken Klumpen vor dem Flugloch ihrer Wohnung. Mit einem Male geraten sie in Aufregung, wie auf einen gemeinsam gefaßten Entschluß, stürzen in den Stock, fallen über die Honigzellen her und füllen sich ihren Honigmagen. Nicht alle handeln so, nur etwa die Hälfte der vorhandenen Bienen. Und diese eilen nun mit ihrem gefüllten Ränzlein, das sie als Wegzehrung auf ihre Reise ins Ungewisse mitnehmen, zum Flugloch hinaus und erheben sich in einem tollen Wirbel, in Kreisen durcheinanderfliegend, als eine Wolke von Bienen allmählich in die Lüfte. Mit ihnen verläßt die alte Königin den Stock.

Zunächst geht ihr Weg nicht weit, und diesmal führt die Königin. Wo diese sich auf einen Baumast oder dergleichen niederläßt, dort sammelt sich, vermutlich durch den könig-

Abb. 30. Ein Bienenschwarm sammelt sich am Ast eines Kastanienbaumes um seine Königin. *S* der sich anlegende Schwarm (phot. Dr. Rösch).

lichen Duft angelockt, die Bienenwolke (Abb. 30) und setzt sich um die Königin herum zu einer dichten „Schwarmtraube" zusammen (Abb. 31). Jetzt ist der Moment, wo der wachsame Imker den Schwarm mit geringer Mühe in eine leere Bienenwohnung bringt und sich ihn sichert. Verpaßt er diese Zeit nur um wenige Stunden, dann ist ihm meist der Schwarm verloren. Denn während dieser in stiller Muße am Aste hängt, sind Kundschafter („Spurbienen") eifrig am Werke. Sie waren schon Tage vorher nach allen Seiten unterwegs, um eine geeignete Unterkunft ausfindig zu machen, etwa einen hohlen Baum oder einen leeren Bienenkasten auf einem oft weit entfernten Stand. Sie machen jetzt den Schwarm mobil und locken ihn auf unbekannte Weise von

Abb. 31. Der Schwarm hat sich am Ast um die Königin gesammelt und bildet die „Schwarmtraube" (phot. Dr. Rösch).

seiner ersten kurzen Raststätte fort, die Schwarmtraube löst sich auf und zieht wieder als Wolke dahin, in ihr neues Heim, von den Spurbienen unsichtbar geleitet — und gerne in dem Augenblick, wo der Imker eben seine Vorbereitungen für das Einfangen des Schwarmes beendet hat.

Etwa die Hälfte der Bienen ist in dem alten Stock zurückgeblieben. Sie sind nun ohne Oberhaupt, aber nur wenige Tage, dann schlüpft die erste von den jungen Königinnen aus. Sie tritt aber mit ihrer Tätigkeit nicht sofort für die davongezogene Mutter ein. Jungfräulich der Zelle entstiegen, muß sie erst ihren Hochzeitsflug machen, bevor sie mit der Eiablage beginnt. Die Königin wird nie im Inneren des Bienenstockes befruchtet, sondern sie begibt sich, meist binnen 14 Tagen nachdem sie ihre Brutzelle verlassen hat, aus dem Stock heraus ins Freie und vereint sich hoch in den Lüften mit einer Drohne. Hernach aber wird sie die solide Bienenmutter, die nie mehr das Heim verläßt — es sei denn, daß sie im nächsten Jahre, durch eine neue werdende Königin entthront, mit einem neuen Schwarm zum Flugloch hinauseilt.

So ist der Vorgang, wenn das Volk nur *einen* Schwarm entläßt. Die überzähligen Weiselzellen werden dann nach dem Ausschlüpfen der ersten Königin samt ihrem lebenden Inhalt von den Arbeiterinnen zerstört. Es kann aber auch sein, daß die neue, junge Königin mit einem weiteren Teil des Volkes als zweiter Schwarm auszieht. Wenn dies geschehen soll, dann lassen die Arbeiterinnen nach dem Ausschlüpfen der ersten Königin die anderen jungen Weisel zunächst am Leben. Diese verlassen ihre Weiselwiegen nicht, denn die freie Königin im Stock duldet keine anderen neben sich und würde sofort über sie herfallen. Jene strecken nur ihren Rüssel durch einen kleinen Schlitz ihrer Zellen und werden so von den Arbeiterinnen gefüttert. Ein eigenartiger Wechselgesang ertönt jetzt im Bienenstock. Die freie Königin läßt ein „Tüten" hören, und auch die Eingeschlossenen geben ähnliche Lautäußerungen von sich, die aus ihrem Gefängnis wie ein dumpfes „Quak", „Quak" heraustönen. Der Imker sagt, die Quakerinnen fragen an, und so lange sie ein Tüten zur Antwort bekommen, hüten sie sich, den Schutz ihrer Zellen zu verlassen. Neuere Beobachtungen machen es allerdings unwahrscheinlich, daß es sich hier um Frage und Antwort handelt. Wir haben auch allen Grund, die Bienen für völlig taub zu halten. Aber irgendwie merken es die jungen Königinnen in ihren Zellen, wenn ihre erstgeborene Schwester mit einem neuen Schwarm davonzieht. Dann schlüpfen sie aus ihren Wiegen. Eine bleibt als Stockmutter im Volk, die anderen werden gemordet.

Bisweilen gehen noch mehr Schwärme ab, und entsprechend mehr Königinnen treten in ihre Rechte. Andererseits kann ein Volk bei ungünstiger Witterung oder schlechtem Ernährungszustande das Schwärmen ganz unterlassen.

## 6. Die Drohnenschlacht.

Noch vor den ersten Weiselzellen haben die Arbeiterinnen schon Drohnenzellen gebaut, aus denen etwa Anfang Mai die ersten Drohnen ausschlüpfen, „gefräßig, dick und faul und dumm" nach Wilhelm Busch. Sie beteiligen sich nicht am Einsammeln der Nahrung; dazu sind sie von der Natur gar nicht ausgerüstet; meist sind sie sogar zu bequem, sich von den aufgestapelten Vorräten selbst ihr Teil zu nehmen, und sie lassen sich von den Arbeiterinnen füttern. Ihr Gehirn ist kleiner als das der Arbeiterin oder Königin, an der geistigen Minderwertigkeit des männlichen Geschlechtes ist hier nicht zu zweifeln. Der einzige Daseinszweck der Drohnen ist die Befruchtung der Königin. Jede Königin braucht eine einzige Drohne; trotzdem erzeugt ein Volk viele hundert, von denen also fast alle ihr Lebensziel verfehlen — wie die Natur so Manches in verschwenderischer Fülle schafft und dann verkommen läßt.

Die Befruchtung geschieht im Freien, und so fliegen die Drohnen an schönen Tagen aus und suchen nach einer Königin auf dem Hochzeitsfluge. Zu ungeschickt, sich gut zu orientieren, finden sie oft ihren Heimatstock nicht wieder und kehren beim nächstbesten Bienenvolke ein, überall gastlich aufgenommen, solange es noch Schwärme gibt. Aber wenn die Zeit der jungen Königinnen vorüber ist und mit dem Hochsommer die Blumenquellen spärlicher zu fließen beginnen, ändert sich die Einstellung der Arbeitsbienen gegen die überflüssig gewordenen dicken Stockgenossen. Die sie bisher gefüttert und gepflegt, beginnen sie jetzt zu rupfen und zu beißen, sie zwicken sie wo sie ihrer habhaft werden mit ihren festen Kiefern, packen sie an Fühlern oder Beinen und suchen sie von den Waben wegzuzerren, dem Ausgang des Stockes zu. Deutlicher kann man nicht sein. Aber die

Drohnen, unfähig, ihre Nahrung selbst zu finden, sind dem Verhungern preisgegeben, wenn sie aus dem Stock vertrieben werden. So suchen sie hartnäckig immer wieder einzudringen, um mit neuen Bissen, ja mit giftigen Stichen von seiten der Arbeiterinnen empfangen zu werden, denen sie sich wehrlos hingeben; denn die Drohnen haben weder einen Giftstachel noch die geringste ritterliche Veranlagung. So finden sie eines Sommertages, vertrieben und verhungert oder erstochen, ein unrühmliches Ende an den Pforten der Bienenwohnungen. Das ist die „Drohnenschlacht". Keine plötzliche Aufwallung, keine Bartholomäusnacht, wie sie die Bienenpoeten gerne schildern, sondern eine allmählich beginnende Feindseligkeit der Arbeiterinnen, die sich durch Wochen hinzieht und steigert, bis die letzte Drohne tot ist.

Von da an bis zum nächsten Frühling sind die Weiblein im Bienenvolke unter sich und halten einen ungestörten Frieden.

## 7. Die Arbeitsteilung im Bienenstaate.

Es war schon flüchtig davon die Rede, daß unter den Arbeiterinnen des Bienenvolkes eine strenge Einteilung besteht; die einen pflegen die Brut, andere sorgen für die Reinlichkeit, wieder andere bauen die Waben, verteidigen den Stock, holen den Honig und den Blütenstaub herbei. Der Vergleich mit menschlichen Verhältnissen liegt nahe und man denkt an Lehrer und Schutzleute, Straßenkehrer und Zimmermann, Bäcker und Konditor in einer Bürgerschaft. Aber der Vergleich ist oberflächlich, denn in der Art der Arbeitsteilung besteht ein wesentlicher Unterschied. Von den menschlichen Bürgern wird der eine Bäcker, der andere Schuster oder Lehrer und bleibt es in der Regel sein Leben lang. Die Arbeitsbienen aber ändern unter normalen Verhältnissen ihre Tätigkeit mit zunehmendem Alter in gesetzmäßiger Weise und machen im Laufe ihres Lebens der Reihe nach alle Berufe durch, die es für sie im Bienenstaate gibt. Jede beginnt ihre Laufbahn als Putzerin und beschließt sie als Sammlerin.

Das ganze Leben einer Arbeitsbiene, vom Ausschlüpfen aus der Zelle bis zu ihrem Tode, kann man in drei Abschnitte einteilen: im ersten Abschnitt beschäftigt sie sich im Inneren des Stockes, und zwar mit der Pflege der Brut. Im zweiten Abschnitt hat sie andere Arbeiten im Stock zu verrichten, darunter auch solche, die mit kurzen Ausflügen in die Umgebung notwendig verbunden sind. Im dritten Abschnitt trägt sie Blütenstaub oder Honig ein, und nun liegt das Ziel ihrer Tätigkeit gänzlich außerhalb des Stockes, in einem weiten Umkreis.

Wie genau auch noch innerhalb dieser Hauptabschnitte die Arbeit zeitlich eingeteilt ist, hat man erst in den letzten Jahren erkannt, und zwar erkannt durch das einzige Mittel, das uns hierüber zuverlässigen Aufschluß geben kann: durch geduldiges und unablässiges Beobachten einzelner Arbeitsbienen vom Tage, an dem sie aus ihrer Zelle schlüpfen, bis zu ihrer letzten Lebensstunde. Dazu gehören freilich, außer einer Portion Geduld, auch noch einige technische Kunstgriffe. Denn ein Bienenstock ist eine finstere Kiste, und auch wenn wir in dieser Kiste rundum Glasfenster anbringen, sehen wir noch nicht auf die Wabenflächen der hintereinanderstehenden Waben (vgl. die Abb. 6 auf S. 7). Wir müssen also erstens einen Bienenstock haben, an dem wir die ganzen Wabenflächen übersehen und alles beobachten können, was auf ihnen vorgeht. Auch dann noch ist es aber außerordentlich schwer, ein bestimmtes Tier in dem Gewühle von vielen Tausenden längere Zeit im Auge zu behalten, und völlig unmöglich, eine Biene, deren Tun und Lassen wir heute beobachtet haben, morgen wiederzufinden oder sie bei der Heimkehr zu erkennen, wenn sie den Stock zu einem Ausfluge verlassen hat. Wir müssen also zweitens die Bienen, die uns interessieren, eindeutig zeichnen.

Der ersten Forderung entspricht ein Beobachtungsbienenstock (Abb. 32). Es ist ein flacher Bienenkasten, in welchem alle Waben, statt hintereinander, wie in einem gewöhnlichen Bienenstock, neben- und übereinander stehen, so daß sie gleichsam *eine* große Wabe bilden. Diese kann durch Glasfenster von beiden Seiten in ihrer ganzen Ausdehnung über-

Abb. 32. Beobachtungsbienenstock nach Entfernung des hölzernen Schutzdeckels. Man sieht durch die Glasfenster auf die nebeneinanderstehenden Waben.

Abb. 33. Beobachtungsbienenstock, geschlossen, mit Schutzdach und Galerie, aus etwas größerer Entfernung aufgenommen.

sehen werden. Unter den Holzleisten, die nur die Fenster voneinander trennen, können die Bienen von einer Wabe zur anderen durchlaufen. Mit der ungewohnten Helligkeit in ihrer Behausung finden sie sich rasch ab, sie lassen sich durch sie nicht stören. Wird nicht beobachtet, so werden Holzdeckel über die Fenster gesetzt (Abb. 33); sie sind innen gepolstert und dienen nachts als Wärmeschutz. Das Flugloch befindet sich an einer Schmalseite und führt durch eine trichterartige Galerie, die den Beobachter vor Belästigung durch die Verteidiger des Stockes schützt, ins Freie.

Nach einer brauchbaren Methode, die Bienen zu zeichnen, hat man lange vergeblich gesucht. Man kann sie mit verschiedenen Farben betupfen, aber die Auswahl, die der Farbenkasten bietet, ist gar zu bald zu Ende. Man kann ihnen mit einem feinen Pinsel und weißer Tusche Nummern auf den Rücken schreiben, aber diese werden im Gedränge des Volkes verwischt und in kürzester Zeit unleserlich. Nimmt man von beiden Methoden ihr Gutes, kombiniert man die Deutlichkeit und Haltbarkeit der Farbflecken mit der Mannigfaltigkeit des Ziffernsystems, so hat man eine Numerierungsmethode, die allen Ansprüchen genügt. Wir beschließen einfach: ein weißer Fleck am *Vorder*rande des Bienenrückens bedeute 1, ein roter Fleck daselbst bedeute 2, ein blauer 3, ein gelber 4, ein grüner 5. Die gleichen Farben am *Hinter*rande des Bruststückes seien: weiß 6, rot 7, blau 8, gelb 9, grün 0. Nun können wir durch Kombinieren zweier Tupfen zweistellige Ziffern schreiben, z. B. weiß neben rot am Vorderrand bedeutet 12, rot links vorne und gelb rechts hinten ist 29 usw. Kommen wir mit 99 nicht aus, so tupfen wir den Hunderter auf den Hinterleib und können mit unseren 5 Farben schon bis 599 schreiben, kurz, es bestehen unbegrenzte Möglichkeiten. Man liest diese getupften Ziffern nach kurzer Übung so leicht und sicher ab wie geschriebene Zahlen, und kann Dank der leuchtenden Farben selbst an einer fliegenden Biene schon auf einige Entfernung erkennen: hier kommt Nr. 16, oder: da kommt Nr. 75. Wählt man geeignete Farben (trockene Malerfarbe, mit alkoholischer Schellacklösung angerieben), so trocknen die

Tupfen sehr rasch und halten wochenlang, ohne undeutlich zu werden.

Noch ein kleiner Kunstgriff ist notwendig: wenn man eine frisch geschlüpfte Biene in der geschilderten Art numeriert und auf die Wabe zurücksetzt, so wird sie, wohl wegen des fremdartigen Farbgeruches, von ihren Stockgenossen ohne Umstände zum Flugloch hinaus geworfen; Farbflecken an älteren Bienen werden, auffallenderweise, durchaus nicht beachtet. Es scheint, als würde nur der junge Nachwuchs scharf geprüft, ob keine Mißgeburten darunter sind, die sich im Stock unnütz machen könnten. Man muß aber die jüngsten Tiere zeichnen, wenn man ihr Leben vom Anbeginn verfolgen will. Zum Glück genügt es, sie nach dem Antrocknen der Farbflecken ein bißchen mit Honig zu beschmieren; so werden sie von ihren Stockgenossen gern in Empfang genommen, mit Hingebung von allen Seiten sauber geleckt und wenn dies geschehen ist, denkt keine mehr daran, ihnen ein Leid zuzufügen. Sie beginnen dann ihre Tätigkeit genau so, wie alle frisch geschlüpften Bienen. Und nun wollen wir ihren Lebenslauf an uns vorüberziehen lassen.

*Der erste Lebensabschnitt (vom 1. bis zirka 10. Lebenstage).*

*1. bis 3. Tag: Das „Zellenputzen“, und reichlich Müßiggang.* Eine frisch geschlüpfte Biene sieht so struppig aus wie ein gebadeter Vogel; die feine, dichte Behaarung ihres Körpers klebt in kleinen Strähnen zusammen und will geordnet sein. Dies besorgt sie zierlich, nur noch etwas ungeschickt in den Bewegungen, mit ihren Füßchen. Dann aber ist ihre erste Tätigkeit, daß sie mit dem Kopf voran in eine Zelle kriecht, die durch das Ausschlüpfen einer Biene frei geworden ist — es muß nicht ihre eigene Brutzelle sein — und

Abb. 34. Einige junge Bienen bei der Tätigkeit des „Zellenputzens“.

sie für die Aufnahme eines neuen Bieneneies vorbereitet. Sie verweilt oft mehrere Minuten darin, so daß nur ihr Hinterleibsende zu sehen ist (Abb. 34), um sich hierauf mit anderen Zellen in gleicher Weise zu beschäftigen. Sie reinigt sie und beleckt ihre Wände mit Speichel. Was dies letztere zu bedeuten hat, kann nicht gesagt werden. Aber es steht fest, daß die Königin nur in derart vorbereitete Zellen ihre Eier ablegt. In der Regel wird jede Zelle von einigen jungen Bienen nacheinander in dieser Weise behandelt.

Im übrigen sitzen sie in den ersten Tagen viel untätig auf den Waben herum und ihre einzige Leistung hierbei scheint zu sein, daß sie sich, wenn es kalt wird, auf den Brutzellen zusammendrängen und so die Brut vor Abkühlung schützen.

*3. bis 5. Lebenstag: Fütterung alter Maden mit Blütenstaub und Honig.* Mit dem 3. Tag wird die Biene zur „Brutamme" und widmet sich der Pflege der Maden. Wie schon im Abschnitt über die Ernährung gesagt wurde, brauchen die rasch heranwachsenden Larven, wie jedes wachsende Tier, eine eiweißreiche Kost zum Aufbau ihrer Körpersubstanz. Aber nur die älteren Larven vermögen den Blütenstaub, die Eiweißquelle der Bienen, so, wie er ist, zu sich zu nehmen und zu verdauen. Bei diesen älteren Maden beginnt die Biene ihre Pflegetätigkeit, indem sie aus den Vorratszellen in der Umgebung des Brutnestes (vgl. die Abb. 23 auf S. 27) Blütenstaub und Honig herbeiholt und beides vermischt in die Brutzellen gibt.

*Vom 6. bis etwa 10. Lebenstag: Fütterung der jungen Maden mit Futtersaft; die ersten Orientierungsausflüge.* Erst von ihrem 6. Lebenstage an befaßt sich die Arbeiterin auch mit der Fütterung der jüngsten Bienenmaden, und das hat folgenden Grund: wie der neugeborene Mensch noch kein Fleisch, Gemüse oder Brot vertragen kann, sondern alles, was er an Nährstoffen braucht, mit der leicht verdaulichen Muttermilch erhält, so werden auch die Bienenlarven in ihren ersten Tagen von den Arbeiterinnen mit einer Art Muttermilch ernährt, die diese in ihren Speicheldrüsen erzeugen. Wie die Brüste der stillenden Mütter, so nehmen die Speicheldrüsen der Arbeitsbienen in diesem Altersstadium gewaltig an Umfang zu und erreichen am 6. Lebenstage jene Entfaltung, die zur Versorgung der jungen Larven mit dem nahrhaften Speichel erforderlich ist. Jetzt sind also die Arbeitsbienen „Brutammen" in des Wortes tieferer Bedeutung. Die Eiweißnährstoffe ihres Speichels stammen nirgend anders her, wie aus den Pollenvorräten des Stockes, die von den Arbeitsbienen in diesem Altersstadium reichlich verzehrt und verdaut werden, und ohne die sie jene „Muttermilch" nicht hervorbringen könnten.

Gegen das Ende dieses Lebensabschnittes sieht man die Biene zum erstenmal den Stock verlassen und vorsichtig, auf ganz geringe Entfernung, kurze Ausflüge machen, wobei sie sich die Lage des Stockes und seine Umgebung einprägt. Bald werden diese Orientierungsflüge weiter ausgedehnt. Sie führen zu einem allmählichen Kennenlernen der näheren und weiteren Umgebung des Stockes und befähigen sie, Verrichtungen zu übernehmen, die nicht mehr ausschließlich innerhalb des Stockes liegen.

### *Der zweite Lebensabschnitt (zirka 10. bis 20. Lebenstag).*

*Etwa 10. bis 18. Lebenstag: Futterabnehmen, Pollenstampfen, Wabenbau, Reinhalten des Stockes.* Um den 10. Lebenstag beginnen die Futterdrüsen sich zurückzubilden, und hiermit findet die Brutpflegetätigkeit ein Ende. Es beginnt ein neuer Lebensabschnitt, charakterisiert durch eine gewisse Mannigfaltigkeit der Betätigung.

Teilweise sind es Verrichtungen, die sich noch vollständig im Inneren des Stockes abspielen: die Bienen dieses Lebensalters nehmen den heimkehrenden Nektarsammlerinnen den Honig ab, verteilen ihn an die hungrigen Stockgenossen oder füllen ihn in die Waben, sie sehen nach den Pollenzellen und drücken dort mit Kopf und Kiefern die von den Pollensammlerinnen hinein abgestreiften Höschen fest. Auch ist dies das Alter der Wachsproduktion und der Beteiligung an der Bautätigkeit, wenn solche erforderlich ist.

Eine andere Arbeit steht an der Grenze zwischen Innendienst und Außendienst: das Reinhalten des Stockes. Die Bienen dieses Altersstadiums schaffen die mannigfachen Abfälle, die bei der Bautätigkeit entstehen, die abgesprengten Deckel jener Zellen, aus denen Brut ausgeschlüpft ist, gestorbene Kameraden und allerhand Unrat zum Flugloch hinaus, fliegen mit diesen Dingen eine Strecke fort und lassen sie dann fallen. Eine Kenntnis der näheren Umgebung ist hierzu schon erforderlich, sonst würden sie nicht zurückfinden.

Zwischendurch werden die Orientierungsflüge wiederholt und sie erstrecken sich jetzt auch in weitere Ferne, ohne daß von diesen Ausflügen Honig oder Blütenstaub mitgebracht wird.

*Etwa 18. bis 20. Lebenstag: Wächterdienst.* Schon viele, die in aller Unschuld zu nahe an einen Bienenstand herangetreten sind, haben unversehens ein paar Stiche abbekommen. Aber die wenigsten werden wissen, daß sie diese Aufmerksamkeit nur Arbeiterinnen von einem bestimmten und engumgrenzten Lebensalter zu danken haben. Am Ende des zweiten Lebensabschnittes, unmittelbar bevor die Biene zur Futtersammlerin wird, versieht sie auf kurze Zeit den Wächterdienst am Flugloch.

Diese Wächter sitzen, stets aufmerksam, im, vor und hinter dem Flugspalt, untersuchen die einpassierenden Bienen mit ihren Fühlern, um über einen erkannten Fremdling sofort herzufallen. Die Photographie (Abb. 35) zeigt einen (weiß gezeichneten) Wächter in dem Augenblick, wo er eine lüsterne Wespe, die sich als Räuber an den Stock herangemacht hat, angreift und durch einen Stich tötet.

Diese Wächter sind es auch, die bei unvorsichtiger Annäherung eines Menschen von ihren Posten in den Fluglöchern hervorstürzen und ihm Stiche versetzen; also wieder eine Tätigkeit, die zwischen Innen- und Außendienst die Mitte hält.

Es ist ziemlich allgemein bekannt, daß eine Biene, die einen Menschen sticht, ihren Stachel verliert und zugrunde gehen muß; beim Versuch, den mit feinsten Widerhaken versehenen Giftstachel aus der elastischen Menschenhaut zurückzuziehen, reißt er ab und bleibt in der Haut stecken. Die Imker haben oft Betrachtungen daran geknüpft über den

Opfermut der Bienen, die ihr Leben hingeben für die Sicherheit des Stockes, und auch wohl über die Torheit und Grau-

Abb. 35. Ein gezeichneter Wächter (weißer Farbfleck auf dem Rücken) vor dem Flugspalt der Bienenwohnung im Kampf mit einer Wespe (von oben herab photographiert). Man wird sich auf der Photographie zurechtfinden, wenn man die Skizzenzeichnung Abb. 35a vergleicht. (phot. Dr. Rösch).

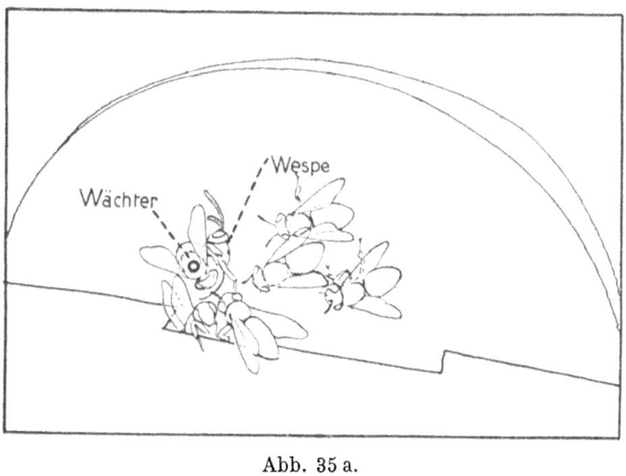


Abb. 35 a.

samkeit der Natur, die dem Stachel die verderblichen kleinen Widerhaken beigegeben hat. Da ist es von Interesse, daß eine Biene, die eine andere Biene oder ein sonstiges Insekt sticht —

und das ist die normale Verwendungsart ihrer Giftwaffe —, keineswegs den Stachel verliert oder irgend Schaden leidet. Nur wenn sie das Mißgeschick hat, an einen Menschen zu geraten — für den ihr Dolch gewiß ursprünglich nicht geschaffen war — dann kostet ihr der Stich das Leben. Und *wenn* dies auch geschieht — was haben ein paar von diesen unfruchtbaren Weibchen unter den Tausenden zu bedeuten? Kein Wunder, wenn hier die Natur den Trieb zur Erhaltung des eigenen Lebens, den sie sonst so kräftig in jede Tier- und Menschenseele gepflanzt hat, etwas verkümmern ließ.

*Der dritte Lebensabschnitt (zirka 20. Tag bis zum Tod).*

*Etwa vom 20. Lebenstag bis zum Lebensende: Sammlerin. Das Lebensalter.* Nach dem kurzen Wächterdienst wird die Biene zur Sammlerin. Sie fliegt auf „Tracht“ aus, sie fliegt an die Blumen, um Honig zu sammeln oder Blütenstaub einzutragen. Welches von beidem sie tut, hängt vom Bedürfnis des Volkes ab und ist auch eine Frage der Gelegenheit und des glücklichen Fundes. Befähigt und geneigt ist sie zu diesem wie zu jenem. Hat sie eine bestimmte Sammeltätigkeit begonnen, dann bleibt sie ihr in der Regel treu, so lange es möglich ist. Davon wird noch die Rede sein.

Bei ungünstiger Witterung, die ein Ausfliegen verbietet, wenden sich die Sammlerinnen nicht etwa wieder dem Innendienst zu, sondern sie sitzen müßig auf den Waben; wie überhaupt das Sprichwort vom „Bienenfleiß“ nur aufkommen konnte, weil man gewöhnlich nur die *sammelnden* Bienen sieht; wer sich mit dem Leben im *Inneren* eines Bienenstockes vertraut macht, wird bald erkennen, wieviel Zeit in jedem Altersstadium dem Nichtstun gewidmet ist.

Der Leser mag erwarten, daß der Biene, die in ihren letzten Lebensabschnitt eingetreten ist, nun viele Wochen des Sammelns und Blütenfluges bevorstehen. Aber das Bienenleben ist kurz, und die Arbeiterin, die zu sammeln beginnt, hat die größere Hälfte ihres Lebens hinter sich. Wenigstens im Frühling und Sommer, zur Zeit des eifrigsten Sammelns, werden die Arbeitsbienen selten älter als 4—5 Wochen, vom Zeitpunkt des Ausschlüpfens aus der Brutzelle gerechnet. Viele gehen schon früher zugrunde, denn auf ihren Sammelflügen sind sie reichlichen Gefahren ausgesetzt, und nicht ohne tieferen Sinn steht diese Periode am Ende ihrer Tätigkeiten.

Anders ist es mit den Bienen, die im Spätsommer und im Herbst ausschlüpfen. Die Zeit des Sammelns ist vorbei, sie strengen sich nicht an, und das scheint gesund zu sein. Diese Bienen überdauern den Winter, in dem ja neue Brut nicht herangezogen wird, und erreichen so ein Alter von mehreren Monaten.

Am längsten lebt die Königin, die durch 4—5 Jahre ihre Mutterpflicht erfüllen kann.

## 8. Die Augen der Bienen.

Der Mensch spricht gerne von seinen „fünf Sinnen", obwohl die Wissenschaft schon längst entdeckt hat, daß es außer Gesicht, Gehör, Geruch, Geschmack und Gefühl noch einige andere Sinne gibt, für die wir unsere besonderen Organe haben, so gut wie zum Sehen das Auge und zum Riechen die Nase: z. B. den Gleichgewichtssinn, der uns auch bei geschlossenen Augen darüber unterrichtet, wo oben und unten ist, oder den Temperatursinn, der uns das Gefühl des Warmen oder Kalten vermittelt und in unserer Haut seine eigenen Organe hat, deutlich geschieden von dem, was wir gewöhnlich als Gefühl, als Tast- oder Berührungssinn bezeichnen. Es spielen *diese* Sinne in unserem Leben eine untergeordnete Rolle, sie wurden deshalb verhältnismäßig spät erkannt und sind bis heute nicht populär geworden.

Aber auch die fünf altbekannten Sinne sind untereinander nicht gleichwertig. Wer sein Gesicht verliert, ist schwer geschädigt, und wenn wir nur einige Minuten mit einem Blinden beisammen sind, kann es uns nicht entgehen, wie sehr er behindert ist. Mit einem anderen Mitmenschen verkehren wir vielleicht jahrelang, ohne zu bemerken, daß er sein Geruchsvermögen vollständig verloren hat — so wenig ist sein Leben durch den Verlust gestört. Bei uns ist eben das Gesicht der führende Sinn. Bei vielen Tieren ist es der Geruch. Für einen Hund oder ein Pferd ist der Verlust des Geruchsinnes so katastrophal, wie für den Menschen der Verlust des Augenlichtes.

Für die Biene ist der Gesichts- *und* der Geruchsinn von größter Bedeutung. Ihr erster Lebensabschnitt spielt sich ganz im finsteren Innenbau des Bienenkastens ab. Hier helfen ihr die Augen nichts, hier ist es, neben Tasteindrücken, in erster Linie der Geruch, der sie bei allen Verrichtungen leitet. Später, wenn sie als Trachtbiene den Schwerpunkt ihrer Tätigkeit ins Freie verlegt, wird der Gesichtssinn zum führenden Sinn. Ohne Augen ist die Biene im Freien verloren, weil sie sich nicht mehr orientieren kann.

### *Farbensehen.*

Wenn der Leser bei einem Landaufenthalt sein Frühstück im Freien einnimmt, und es gibt Honig, so stellen sich bisweilen auch Bienen am Frühstückstisch ein, durch den Honiggeruch angelockt. Dann ist Gelegenheit zu einem einfachen Experiment, bei dem nichts weiter erforderlich ist, als ein Stück rotes und zwei gleich große Stücke blaues Papier und ein wenig Geduld.

Wir entfernen das Honiggefäß, geben nur ein paar Honigtropfen auf ein blaues Papier und legen es auf den Tisch. Es wird nicht lange dauern, bis die anwesenden Bienen die Honigtropfen gefunden haben und daran saugen. Sie füllen ihre Honigblase, kehren heim in ihren Mutterstock und kommen nach wenigen Minuten wieder, um die einträgliche Futterquelle weiter auszubeuten. Ein paarmal lassen wir sie hin und her fliegen, dann legen wir rechts und links von der bisherigen Futterstelle das rote und das andere blaue Blatt Papier auf den Tisch, ohne Honigtropfen darauf zu geben, und entfernen das Honigpapier. Die Bienen interessieren sich für das rote Papier nicht im mindesten, das blaue aber umschwärmen sie und lassen sich auch darauf nieder, obwohl dort nichts zu finden ist und kein Honiggeruch sie verlocken kann (Abb. 36). Sie scheinen sich also gemerkt zu haben, daß es auf dem *Blau* Futter gab, und können die Farben Blau und Rot unterscheiden.

Man hat aus solchen Versuchen geschlossen, daß die Bienen Farben sehen. Aber so einfach ist die Sache nicht, und diese Schlußfolgerung war voreilig.

Es gibt nicht selten Menschen, deren Farbensinn gegenüber dem des Normalsichtigen mehr oder weniger beschränkt ist; es gibt auch, freilich selten, Menschen, die überhaupt keine Farben sehen. Ein solcher „total Farbenblinder" sieht eine

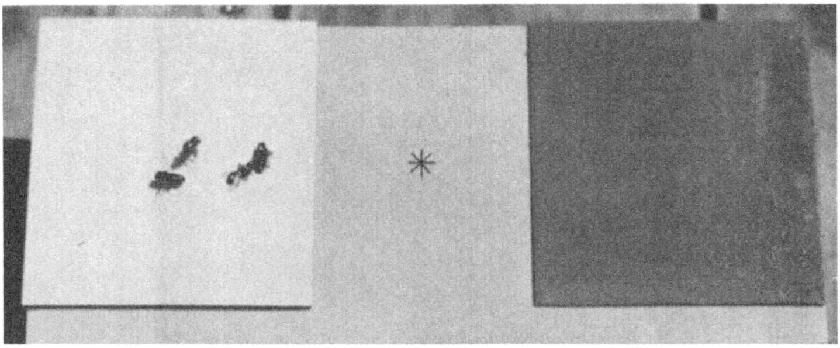

Abb. 36. Bienen, die zuvor auf einem blauen Papier bei * gefüttert worden sind, suchen auf einem reinen blauen Papier (links) nach dem Futter, während sie sich um ein rotes Papier (rechts) nicht kümmern.

farbenprächtige Landschaft etwa so, wie sie uns Normalsichtigen in einer gewöhnlichen, farblosen Photographie erscheint. Er sieht die Form und Mannigfaltigkeit der Gegenstände, aber er sieht alles grau in grau und die Abstufungen der Farben nur als Abstufungen der Helligkeiten. Wenn wir nun einem total farbenblinden Menschen unser blaues und rotes Papier vorlegen, kann er sie sehr wohl voneinander unterscheiden, und wird nie in Versuchung kommen, sie zu verwechseln. Aber er unterscheidet sie nicht an den Farben, die ihm verschlossen sind, sondern an ihrer Helligkeit, da ihm das Rot sehr dunkel, fast schwarz, das Blau aber wie ein helles Grau erscheint; der Eindruck ist für ihn ähnlich, wie für uns auf der farblosen Photographie (Abb. 36). So hat für ihn jede Farbe ihre bestimmte Helligkeit.

Wir sehen, daß wir aus unserem Versuch gar nichts darüber entnehmen können, ob die Bienen das Rot und Blau an ihrer Farbe, oder vielleicht, als total farbenblinde Wesen, an ihrer Helligkeit unterschieden haben. Wir müssen das Experiment ein bißchen anders anstellen, wenn wir einen bündigen Schluß ziehen wollen.

Die Frage ist, ob das blaue Papier dem Bienenauge als Farbe oder, wie dem total farbenblinden Menschenauge, als

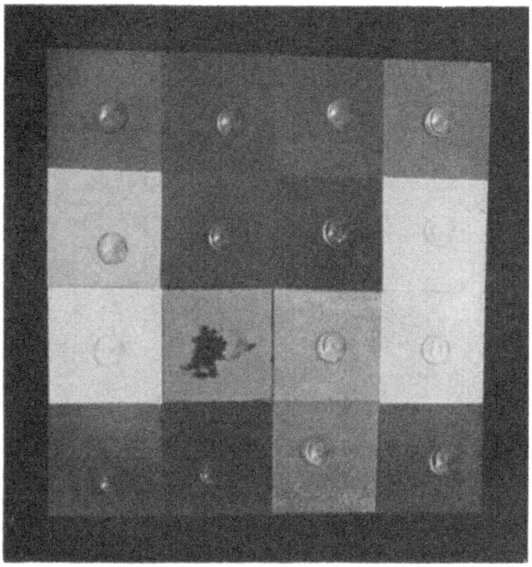

Abb. 37. Nachweis des Farbensehens. Ein blaues Papier zwischen Graupapieren verschiedenster Helligkeit. Auf jedem Blatt steht ein leeres Glasschälchen, auch das Schälchen auf Blau ist rein und ohne Futter. Die auf Blau dressierten Bienen sammeln sich auf dem blauen Papier und beweisen dadurch, daß sie die Farbe von den Grauabstufungen unterscheiden.

Grau von irgendeiner bestimmten Helligkeit erscheint. Da wir nicht wissen können, in *welcher* Helligkeit das Blau einem total farbenblinden Bienenauge erscheinen würde, müssen wir prüfen, ob die Bienen es von *sämtlichen* Helligkeitsabstufungen unterscheiden können. Wir benützen zu diesem Zwecke eine Serie von grauen Papieren, die in feinen Abstufungen vom hellsten Weiß bis zum tiefsten Schwarz führt.

Legen wir den auf Blau gefütterten Bienen ein reines blaues Blatt ohne Futter in einer solchen, beliebig durcheinander geschalteten Grauserie vor, so fliegen sie auch jetzt zielsicher auf die blaue Fläche los und setzen sich auf ihr nieder (Abb. 37). Sie können also das Blau von sämtlichen Grauabstufungen unterscheiden und erst hierdurch beweisen sie uns, daß sie es als Farbe sehen.

Bei der Durchführung eines solchen Versuches ist es empfehlenswert, schon während der Fütterung auf Blau auch graue Papiere aufzulegen, da die Bienen sonst durch den ungewohnten Anblick im entscheidenden Moment verdutzt werden und vielleicht nicht so sicher reagieren. Aus dem gleichen Grunde wird von vornherein auf jedes Blatt ein Glasschälchen gesetzt, aber nur das Schälchen auf Blau mit Futter gefüllt. Als solches nimmt man besser Zuckerwasser als Honig, um dessen Duft aus dem Spiele zu lassen. Da die Bienen ein gutes Ortsgedächtnis haben, ist es ferner zweckmäßig, den Platz der blauen Futterfläche in der Gesamtanordnung häufig zu verändern. So lernen sie dann rasch, beim Anflug sich nur nach der Farbe als dem einzig sicheren Führer zum jeweiligen Ort des Futternäpfchens zu orientieren und wir können sie derart in kurzer Zeit so gut auf Blau „dressieren", daß sie es an jeder Stelle unseres Tisches, und auch dann, wenn es völlig rein und ohne Futter ist, zielsicher anfliegen. Ja, sie lassen sich auch nicht abhalten, wenn wir über alle Papiere eine Glasplatte legen (Abb. 37 S. 52), um uns zu überzeugen, daß tatsächlich der *Anblick* des blauen Papieres ausschlaggebend ist. Man hat daran gedacht, daß die Bienen vielleicht durch einen charakteristischen, für unsere stumpfe Nase nicht wahrnehmbaren *Duft* des blauen Farbpapieres zu diesem hingeleitet würden. Ein Duft könnte aber durch die Glasplatte hindurch natürlich nicht zur Geltung kommen.

Führen wir genau dasselbe Experiment mit einem rein roten Papier aus, so erleben wir eine Überraschung. Die auf Rot dressierten Bienen befliegen in der schachbrettartigen Anordnung (Abb. 37 S. 52) nicht nur das rote, sondern genau so die schwarzen und dunkelgrauen Papiere. Sorgfältige und noch so lange fortgesetzte Dressur ändert hieran nichts. Rot und Schwarz wird von den Bienen verwechselt; Rot ist für sie keine Farbe, sondern, wie für den Farbenblinden, ein dunkles Grau.

Aber in anderer Hinsicht ist wieder das Bienenauge dem normalen menschlichen Auge überlegen. Die „ultravioletten“ Lichtstrahlen, die auf unser Auge überhaupt nicht wirken und von deren Vorhandensein im Sonnenlicht wir nur durch die Kunst des Physikers unterrichtet sind, werden von den Bienen gesehen und es läßt sich durch Experimente beweisen, daß sie das „Ultraviolett“ sogar als eine besondere Farbe wahrnehmen, von deren Aussehen wir uns freilich so wenig eine Vorstellung machen können, wie von den Empfindungen der Bienenseele überhaupt.

Es ist demnach klar: Die Bienen sehen die Farben anders als wir. Das wird am allerdeutlichsten, wenn wir sie auf eine bestimmte Farbe dressieren, und dann vor die Aufgabe stellen, die Dressurfarbe unter anderen *Farben* herauszufinden. Wir bieten also jetzt den Bienen beim Versuch die Dressurfarbe, statt wie bisher, zwischen grauen Papieren, zwischen farbigen Papieren von verschiedenstem Aussehen. Sie machen dann Verwechslungen, die einem normalen Menschenauge nie passieren können. Sind sie auf Gelb dressiert, so fliegen sie nicht nur auf alle gelben, sondern ebenso auf orangerote und gelblichgrüne Papiere und zeigen uns dadurch, daß diese für uns so verschiedenen Farben auf sie den gleichen Eindruck machen. Ebenso werden Blau, Violett und Purpurrot untereinander verwechselt. Aber niemals befliegen Bienen, die auf Blau dressiert sind, die orangeroten, gelben oder grünen Papiere, so wenig, wie sie nach Gelbdressur auf blaue, violette oder purpurrote Farben sich setzen. Innerhalb der beiden großen Farbbereiche, welche die Maler als die „warmen“ und die „kalten Farben“ zu bezeichnen pflegen, sind Farben*unterschiede* für das Bienenauge kaum vorhanden.

Das Auge der Bienen stimmt also mit dem Auge des Menschen darin überein, daß es nicht nur Weiß und Schwarz und Grau, sondern auch die Farben sieht; es übertrifft das menschliche Auge, indem es eine Farbe sieht, die es für uns nicht gibt (Ultraviolett); es steht ihm nach, indem es eine Farbe nicht sieht, die es für uns gibt (Scharlachrot), und indem es nicht jene Mannigfaltigkeit der Farben sieht, an der wir uns erfreuen.

## *Bienenauge und Blumenfarben.*

Wer etwa meint, die ganze Blumenpracht der Erde sei dem Menschen zur Augenweide geschaffen, der möge den Farbensinn der geflügelten Blütengäste und die Beschaffenheit der Blumenfarben studieren, und er wird ganz bescheiden werden.

Zunächst fällt auf, daß durchaus nicht alle Blütenpflanzen „Blumen" hervorbringen. Viele Gewächse, so Gras und Getreide, die Nadelhölzer, die Ulmen, Pappeln und andere haben kleine unscheinbare und duftlose Blüten, die keinen Nektar absondern und an denen sich auch keine Insekten einstellen. Die Übertragung des Blütenstaubes geschieht hier durch den Wind, wie es der Zufall will, und ist nur dadurch einigermaßen gesichert, daß ein trockener, leicht stäubender Pollen in außerordentlicher Menge erzeugt wird. Diesen *„Windblütern"* stehen die *„Insektenblüter"* gegenüber. Sie ziehen durch Honigabsonderung die Blütengäste heran, die den Pollen auf kurzem und zuverlässigem Wege übertragen. Ihre Blüten sind auffallend, sei es durch einen Duft, den sie erzeugen, sei es durch bunte Farben, oder durch beides vereint: das sind die „Blumen".

Es liegt nahe, hier einen tieferen Zusammenhang anzunehmen: So wie der Wirt eine bunte Fahne aushängt, um die Aufmerksamkeit des Wanderers zu erregen und ihn dadurch veranlaßt, bei ihm einzukehren, sich selbst zum Gewinn und jenem zur Stärkung, so hätten auch die bunten Fähnlein der Blumen den Zweck, den Bienen schon aus der Ferne den Ort zu weisen, wo für sie der Honig fließt und wo sie einkehren sollen, dem Wirt wie dem Gast zum Nutzen. Wenn aber in diesem Sinne die Farben der Blumen für das Auge ihrer Bestäuber berechnet sind, dann darf man eine Beziehung zwischen den Besonderheiten im Farbensinn der Blumengäste und der Beschaffenheit der Blumenfarben erwarten. Das ist nun auf das Deutlichste verwirklicht.

Schon lange, bevor man über den Farbensinn der Bienen etwas Näheres wußte, ist den Botanikern aufgefallen und sie haben ihre Verwunderung darüber ausgesprochen, wie selten rein rote Blumen in unserer Flora vorkommen. Das ist aber gerade die einzige Farbe, die auf das Bienenauge nicht als Farbe wirkt, und daher die Blumen für die Augen ihrer Bestäuber nicht auffällig machen würde. Der Leser wird vielleicht auf die Pelargonien und manche andere „scharlachrote" Blumen hinweisen; diese sind aber nicht bei uns heimisch und mit ihnen hat es eine besondere Bewandtnis, wie wir gleich hören werden. Er kann ferner an die Mohnblüten erinnern; diese gehören tatsächlich zu den wenigen, angenähert rein roten Blumen unserer Heimat; ihr Rot enthält auch etwas Gelb, und wir wissen aus Versuchen, daß sie den Bienen als sehr dunkelgelbe, fast braunschwarze Blumen erscheinen müssen, auffällig mehr durch die Größe ihrer Blumenblätter als durch ihre leuchtende Farbe. Und so gibt es auch sonst vereinzelte Ausnahmen, aber an der *Regel* ist nicht zu zweifeln; die sogenannten „roten" Blumen unserer Flora, Heidekraut und Alpenrosen, roter Klee, Zyklamen usf., haben nicht jenes reine Rot, von dem hier die Rede ist, sondern sie sind fast alle von jener purpurroten Farbe, die dem Bienenauge blau erscheint.

Aber vielleicht ist es den Pflanzen sehr schwer, eine scharlachrote Blütenfarbe zu erzeugen? Das kann nicht sein, denn bei tropischen Gewächsen, die zum Teil wegen ihrer sonderlichen Blumenfarben in unseren Treibhäusern und Gärten gerne als Zierpflanzen gehalten werden, sind scharlachrote Blütenfarben ungemein häufig. Nun haben wir keinen Grund anzunehmen, daß die Bienen der Tropen anders sehen als die unseren. Aber — und das ist wiederum den Blütenbiologen schon lange bekannt gewesen — gerade jene leuchtend roten Blumen der Tropen werden nicht durch Bienen, überhaupt nicht durch Insekten bestäubt, sondern durch kleine Vögel, durch die Kolibris und Honigvögel, die im Fluge vor der Blüte schwebend mit ihrem langen Schnabel den reichlich abgesonderten Nektar saugen und sich von ihm ernähren (Abb. 38); und die Untersuchungen der letzten Jahre haben offenbart, daß jenes Rot, für das die Bienenaugen blind sind, für das Vogelauge gerade eine besonders leuchtende Farbe ist.

Und noch eine dritte Beziehung zwischen Blumenfarben und Blumengästen ist längst bekannt und viel besprochen ge-

Abb. 38. Kolibri, vor den Blüten einer Kletterpflanze (Manettia bicolor) schwebend und Honig saugend (nach Porsch).

wesen, bevor sie durch Experimente der jüngst vergangenen Jahre ihre Aufklärung gefunden hat: die wenigen Blumen, die sich in unserer heimischen Flora einer rein roten Blütenfarbe nähern, wie Steinnelken, Lichtnelken, Seidelbast, Leimkraut, werden größtenteils nicht von Bienen, auch nicht durch Fliegen oder Käfer, sondern durch Tagschmetterlinge bestäubt, die mit ihren langen Rüsseln den Honig vom Grunde der hier besonders tiefen Blumenröhren herausholen. Durch die Tiefe der Blumenröhren erscheinen diese Blüten an die Bestäubung durch Falter speziell angepaßt. Und diese Tagfalter sind, soweit wir heute wissen, die einzigen Insekten, die im Gegensatze zu den Bienen nicht rotblind sind.

Mehr konnte man wirklich nicht verlangen. Der Naturfreund aber wird sich die Freude an den Blumen nicht vergällen lassen, auch wenn er erkennt, daß sie für andere Augen bestimmt sind.

*Vom Bau der Augen und von der Sehschärfe der Bienen.*

Zwei Menschen können sich in ihrem Farbensehen durchaus normal und untereinander gleich verhalten, und trotzdem sehr verschieden gute Augen haben. Der eine kann vielleicht mit der Schärfe eines Indianerauges an weit entfernten Gegenständen noch Einzelheiten erkennen, der andere, in hohem Grade kurzsichtig, ist ohne Brillen von einer Unbeholfenheit, die für einen Karikaturzeichner herausfordernd ist. Ob ein Auge farbenblind ist oder Farben sieht, können wir ihm auch bei der aufmerksamsten Zergliederung nicht ansehen; denn diese Fähigkeit ist im feinsten Gefüge seines inneren Baues begründet und liegt selbst für das Mikroskop jenseits der Sichtbarkeit. Ob das Auge aber die Formen der Gegenstände scharf oder unscharf sieht, dies steht mit seinem gröberen Bau in engstem Zusammenhange und ermöglicht es dem Anatomen, schon nach dem Äußeren eines Auges zu beurteilen, ob es von einem kurzsichtigen Menschen stammt.

Wenn wir aber das Auge der Biene oder eines anderen Insekts zergliedern, in der Erwartung, seine Leistungsfähigkeit an seinem Bau zu erkennen, dann lassen uns alle am menschlichen Auge gewonnenen Erfahrungen im Stich. Denn es ist völlig anders gebaut als das Auge des Menschen. Für den Naturforscher liegt ein besonderer Reiz darin, den Mitteln und Wegen nachzuspüren, wie die Natur bei so grundverschiedenen Wesen, den Bienen und den Menschen, auf durchaus verschiedene Weise doch dasselbe Ziel erreicht.

Die Feinheiten in der Konstruktion des Insektenauges sind so mannigfach, daß sie den Bau des menschlichen Auges fast in den Schatten stellen. Ein genaues Verständnis ist nur durch ein ernstes Studium möglich und hätte mancherlei Erörterungen, auch physikalischer Art, zur Voraussetzung. Doch der grundlegende Gegensatz im Bauplan der beiden Augen läßt sich vielleicht mit einigen Worten klarstellen.

Das *Auge des Menschen* ist einem photographischen Apparat vergleichbar. Dem Loch in der Vorderwand der photographischen Kamera entspricht das Sehloch im menschlichen Auge, die Pupille. So wie der Photograph bei großer Helligkeit durch Verengerung der Irisblende das Übermaß von

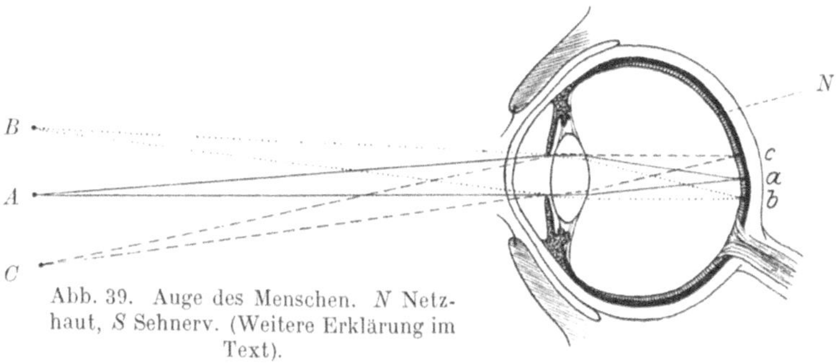


Abb. 39. Auge des Menschen. *N* Netzhaut, *S* Sehnerv. (Weitere Erklärung im Text).

Licht abdämpft, so zieht sich im Sonnenlicht die Regenbogenhaut (die „Iris") zusammen, verengert die Pupille und schützt das Innere des Auges vor übergroßer Helligkeit. Der Linse des Photographenapparates entspricht die Linse des menschlichen Auges. Sie hat die gleiche Gestalt und die gleiche Wirkung. Blicken wir auf einen entfernten leuchtenden Punkt (*A* in Abb. 39), der nach allen Seiten Licht aussendet, so sammelt die Linse die Lichtstrahlen, die durch das Sehloch auf sie fallen, und vereinigt sie in einem Punkte des Augenhintergrundes (*a*). Denken wir uns einen zweiten leuchtenden Punkt (*B*) über dem ersten, so sammelt die Linse die von dort kommenden Lichtstrahlen auf einer etwas tiefergelegenen Stelle des Augenhintergrundes (*b*), und das von einem tiefergelegenen Punkt (*C*) kommende Licht wird auf einem höherliegenden Punkt (*c*) im Inneren des Auges gesammelt werden. Der Leser mag sich unter den drei leuchtenden Punkten drei Sterne am Himmel oder drei übereinander befindliche Kerzenflammen vorstellen. Es gilt aber dieselbe Betrachtung für jeden, auch nicht selbst leuchtenden Punkt, wenn er durch Tageslicht oder künstliches Licht beleuchtet ist; er wirft dann das Licht, das auf ihn fällt, nach allen Seiten zurück, als wenn er es selbst ausstrahlen würde. Wir können uns jeden Gegenstand in unserem Gesichtsfelde aus einer großen Zahl einzelner Punkte zusammengesetzt denken; für jeden von diesen gilt, was wir für unsere drei Punkte *A*, *B* und *C* abgeleitet haben, und so entwirft die Linse von einem angeblickten Gegenstand ein verkehrtes, kleines, naturgetreues Bild auf dem Augenhintergrunde, nicht anders, wie die Linse des photographischen Apparates auf der Mattscheibe oder auf der an ihre Stelle gesetzten photographischen Platte ein verkehrtes Bild entwirft.

Der wesentliche Unterschied zwischen der Kamera und unserem Auge liegt in der Verwertung des so erzeugten Bildes. Bei der Kamera wird das Bild eines Augenblickes auf der Platte festgehalten und sozusagen konserviert. Die Stelle der photographischen Platte nimmt in unserem Auge die Netzhaut ein, durch deren Vermittlung uns das Bild mit allen Verteilungen von Licht und Schatten bewußt wird, in jedem Augenblicke neu entstehend und vergehend im Wechsel des Geschauten. Jene Netzhaut besteht in ihrem wichtigsten Teile aus einem feinsten Mosaik stäbchenförmiger Elemente, deren jedes so schmal ist, daß ihrer mehrere Hundert nebeneinanderstehen müssen, um die Strecke eines Millimeters zu füllen, und deren jedes durch eine feinste Nervenfaser mit dem Inneren unseres Gehirnes in Verbindung steht. Die Summe dieser Nervenfasern macht den starken Sehnerv aus, der vom Auge zum Gehirn zieht. Jeder Lichtpunkt, der auf ein Netzhautstäbchen fällt, wird durch die zugehörige Nervenfaser dem Gehirn gemeldet und erst dort, nicht in der Netzhaut selbst, entsteht die bewußte Empfindung — von einem einzelnen Punkt, der aus dem nächtlichen Dunkel aufleuchtet, in gleicher Weise, wie von der unendlichen Zahl von Einzelpünktchen, die in der Tageshelle unser Gesichtsfeld ausfüllen und zu einem einheitlichen Bild des Gesehenen miteinander verschwimmen. Zuweilen hat man sich gefragt, warum uns die Welt nicht auf dem Kopf zu stehen scheint, da doch ihr Bild auf unserer Netzhaut verkehrt ist; diese Frage hat schon deshalb keinen Sinn, weil uns das Bild nicht in der Netzhaut, sondern im Gehirn bewußt wird, wo die Teilchen des Bildes längst wieder anders zueinander liegen — wie es der Verlauf der einzelnen Nervenfasern mit sich bringt.

Manchen mag diese Auseinandersetzung nicht voll befriedigt haben. Zum Trost sei ihm gesagt, daß noch kein Mensch den wunderbaren Vorgang des Sehens ins Innerste verstanden hat.

Das *Auge der Biene* — und ebenso das Auge der anderen Insekten — hat keine Pupille, keine Regenbogenhaut, keine Linse. Die Netzhaut im Augenhintergrunde ist der menschlichen Netzhaut vergleichbar. Aber das Bild auf der Netzhaut entsteht in anderer Weise. Die stark gewölbten Augen stehen seitlich am Kopfe (vgl. Abb. 16 S. 18). Ihre Oberfläche erscheint, durch eine scharfe Lupe betrachtet, auf das Zierlichste gefeldert (vgl. Abb. 40). So wird die abweichende Innenkonstruktion schon äußerlich bemerkbar. Aber deutlich erkennt man sie erst, wenn man mit der nötigen Vorsicht das Auge mitten durchschneidet (Abb. 41). An jedes Feldchen der Augenoberfläche schließt unmittelbar ein rundes Röhrchen an, so zart, daß es nur mit dem Mikroskop gesehen werden kann, und zieht in geradem Verlauf, trichterförmig sich verjüngend, eine Strecke weit nach hinten, wo es in einem Netzhautstäbchen endet; alle Netzhautstäbchen zusammen bilden die Netzhaut. Ein solches Feldchen samt

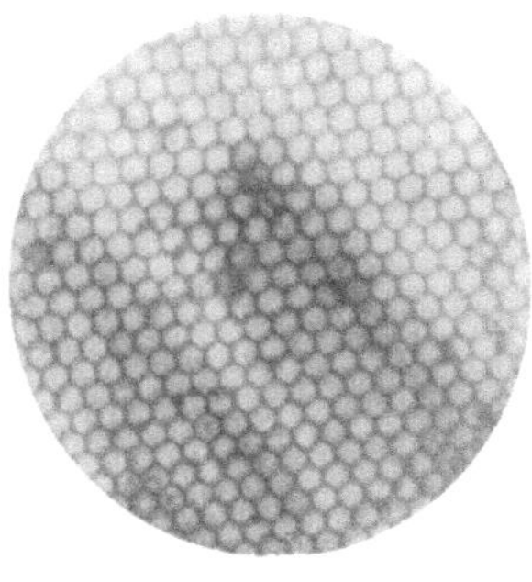

Abb. 40. Äußere Oberfläche eines Insektenauges (Fliege); kleiner Ausschnitt, 80fach vergrößert. (Das Auge der Biene sieht im wesentlichen genau so aus; es ist aber, aus nebensächlichen Gründen, zur Photographie weniger geeignet als das Fliegenauge.) Phot. Dr. H. Rumpf.

anschließendem Röhrchen und zugehörigem Netzhautstäbchen nennt man einen Augenkeil. Ein Bienenauge ist nun aus vielen tausenden, dicht aneinanderliegenden Augenkeilen aufgebaut (in der Abbildung sind der Deutlichkeit wegen nur wenige gezeichnet), die alle — und das ist wichtig — in der Längsrichtung ein bißchen nach innen gegeneinander geneigt verlaufen, so daß nicht zwei von ihnen genau gleich gerichtet sind. Jedes dieser Röhrchen ist seitlich rundum mit einer schwarzen, lichtundurchlässigen Schicht umhüllt.

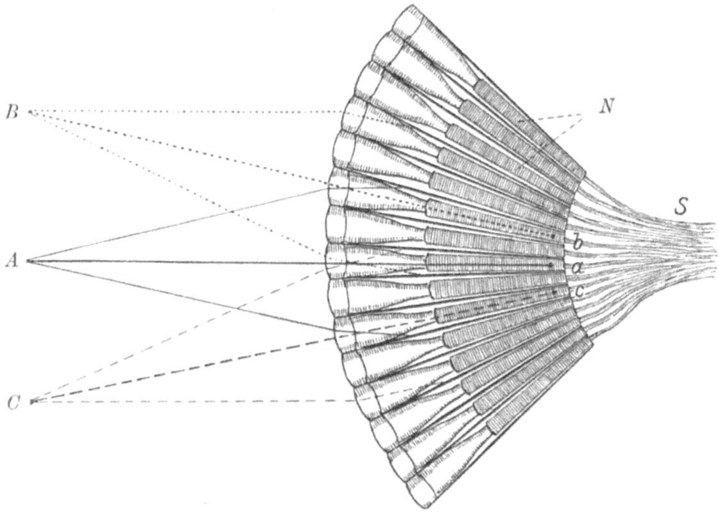

Abb. 41. Auge der Biene. *N* Netzhaut, *S* Sehnerv. (Weitere Erklärung im Text.)

Denken wir uns nun wieder im Gesichtsfeld des Auges einen leuchtenden Punkt, der nach allen Seiten Lichtstrahlen aussendet, so werden diese Strahlen auch auf die ganze Oberfläche des Auges treffen. Aber nur in jenem Augenkeil, in dessen Richtung der Punkt liegt, werden die geradlinig vordringenden Strahlen durch das Röhrchen hindurch bis zu dem Netzhautstäbchen gelangen. Die anderen, etwas schräg getroffenen Augenkeile verschlucken die Lichtstrahlen mit ihren schwarzen Wandhüllen, bevor sie bis zur lichtempfindlichen Netzhaut gekommen sind. Ein anderer, höhergelegener

Punkt liegt in der Blickrichtung eines höherliegenden Augenkeiles, ein tiefergelegener Punkt wird durch einen entsprechend tieferliegenden Augenkeil aufgefangen und zur Netzhaut geleitet (Abb. 41). Dies gilt nun für die zahllosen Punkte, aus denen ein Gegenstand zusammengesetzt gedacht werden kann. Jeder Augenkeil sticht gleichsam ein winziges Teilchen, das in seiner Blickrichtung liegt, aus dem gesamten Gesichtsfeld heraus. Wie aus der Abbildung unmittelbar hervorgeht, entsteht in solcher Art auch hier ein Netzhautbild, aber nicht ein verkehrtes, wie im Linsenauge, sondern die Anordnung der Bildpunkte auf der Netzhaut entspricht ihrer wirklichen Lage, es entsteht ein aufrechtes Netzhautbild. Dieser Gegensatz ist viel besprochen worden. Er hat aber an sich keine wesentliche Bedeutung, sondern ist nur die natürliche Folge der verschiedenen Entstehung des Netzhautbildes: bei der Biene wird der Inhalt des ganzen Gesichtsfeldes schon an der Augenoberfläche in ein Mosaik kleinster Bildteilchen zerlegt, die durch die Augenkeile einzeln den Netzhautstäbchen und von hier dem Gehirn zugeleitet werden; bei unserem Auge entwirft die Linse ein einheitliches, verkehrtes Bild, das erst durch die Netzhautstäbchen selbst in ein Mosaik zerlegt und dem Gehirn weitergegeben wird. Da wie dort ist es Aufgabe des Gehirns, die Mosaiksteinchen des Netzhautbildes zum geistigen Gesamtbild zusammenzufügen.

Soll ein photographischer Apparat ein gutes Bild liefern, so braucht er eine gute Linse, aber auch eine gute Platte; mit anderen Worten: es muß ein scharfes Bild erzeugt werden, und dieses muß auch gut ausgenützt werden. Nicht anders ist es beim Auge. Seine Leistungsfähigkeit hängt davon ab, wie scharf das Netzhautbild ist, und wie gut es verwertet wird.

Beim Auge des Menschen hängt die Schärfe des Netzhautbildes an der Güte der Linse und ihrer richtigen Einstellung.

Beim Insektenauge ist der Zusammenhang ein anderer. Eine einfache Überlegung zeigt, daß hier das Netzhautbild von einem bestimmten Ausschnitte des Gesichtsfeldes um so mehr Einzelheiten enthalten, also um so schärfer sein muß, je mehr Augenkeile vorhanden sind — genau so, wie ein wirkliches Mosaikbild eine um so getreuere Nachbildung des Gegenstandes mit allen Einzelheiten gestattet, je zahlreicher die Mosaiksteinchen sind, die zu seiner Darstellung verwendet werden. Aber *wie* scharf nun bei einer gegebenen Zahl von Augenkeilen das Bild sein mag, ist nicht leicht zu beurteilen.

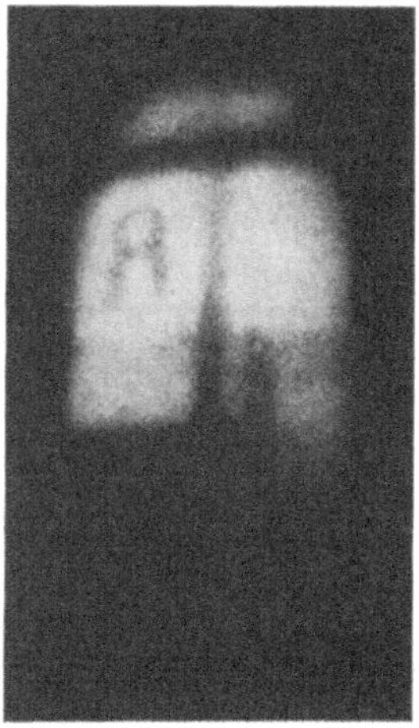

Abb. 42. Ausblick aus einem Fenster, gesehen durch das Auge eines Leuchtkäfers: Mikrophotographie des Netzhautbildes im Auge eines Leuchtkäferchens (120fach vergrößert). Durch das Bogenfenster ist eine Kirche zu sehen (Entfernung vom Fenster 135 Schritte). Auf einer Fensterscheibe ist ein aus schwarzem Papier geschnittener Buchstabe *R* aufgeklebt. (Nach S. Exner.)

Da ist es interessant, daß es gelungen ist, ein Bild, wie es die Augenkeile eines Insektenauges auf seiner Netzhaut entstehen lassen, zu beobachten und sogar photographisch festzuhalten. Die Photographie (Abb. 42) zeigt uns den Ausblick aus einem Fenster, gesehen durch das Auge eines Leuchtkäferchens. Man erkennt die Gestalt des Fensters, das Fensterkreuz, man sieht den auf eine Fensterscheibe aufgeklebten Buchstaben R und, etwas verschwommen freilich, einen Kirchturm in weiterer Ferne. Der Grund, warum gerade das winzige Auge eines Leuchtkäferchens zu diesem Experiment verwendet wurde, ist, daß sich zufällig einzig und allein beim Leuchtkäferchen das Auge in noch lebensfrischem Zustande so vom Kopf abkappen läßt, daß die Augenkeile nicht durcheinander geraten. Es gelingt hier, die Gesamtheit der Augenkeile von der Netzhaut zu trennen und das Bild, welches die Augenkeile dort, wo die Netzhaut hingehört, entstehen lassen, mit Hilfe eines Mikroskopes, das auf die Stelle der Netzhaut gerichtet wird, zu photographieren. Das Leuchtkäferchen hat ein verhältnismäßig schlecht entwickeltes Auge mit einer geringen Zahl von Augenkeilen.

Daß trotzdem das Bild so viel erkennen läßt, ist sehr bemerkenswert. Wir können daraus schließen, daß ein Bienenauge mit seiner vielfach größeren Zahl von Augenkeilen ein recht scharfes Bild entwerfen wird.

Die andere Frage aber, wie weit dies Bild in seinen Einzelheiten vom kleinen Bienenhirn ausgewertet wird, kann durch anatomische Zergliederung und mikroskopische Untersuchung nicht entschieden werden. Hier können Dressurversuche weiterführen. Wenn wir Bienen mit Zuckerwasser füttern und der Futterstelle ein bestimmtes Kennzeichen geben, und jenes Kennzeichen dann kleiner und kleiner wählen, bis es schließlich nicht mehr erkannt und beachtet wird, so können wir einen Maßstab gewinnen, wie kleine Objekte im Gesichtsfeld der Bienen noch als Orientierungspunkte von ihnen verwertet werden. Versuche dieser Art haben gezeigt, daß die Sehschärfe der Bienen doch wesentlich geringer ist als die der Menschen. Einen genauen Vergleich zu ziehen, stößt vorderhand auf technische Schwierigkeiten, die zu überwinden noch nicht so recht gelungen ist.

## 9. Der Geruchsinn der Bienen.

Sieht man auf einer blumenreichen Wiese den Honig sammelnden Bienen zu, so kann man eine merkwürdige Beobachtung machen: eine Biene eilt von Kleeblüte zu Kleeblüte und läßt alle übrigen Blumen unbeachtet; eine andere fliegt gleichzeitig von Vergißmeinnicht zu Vergißmeinnicht, ohne sich um den Klee und andere Gewächse zu kümmern; eine dritte scheint es ausschließlich auf Thymian abgesehen zu haben usw. Geht man der Sache genauer nach, so kann man feststellen, daß in der Regel eine bestimmte Arbeitsbiene durch Stunden, ja, durch viele Tage hindurch nur an einer bestimmten Blumensorte sammelt; die Biologen sagen: die Bienen sind „blumenstet". Dies gilt natürlich nur für das Bienenindividuum, nicht für das ganze Volk, und während eine Schar von Arbeitsbienen an Klee sammelt, können gleichzeitig für andere Arbeiterinnen aus demselben Bienenstocke Vergißmeinnicht, Thymian oder sonstige Blumen das Ziel ihrer Sammelflüge bilden.

Diese Blumenstetigkeit ist für die Bienen wie für die Blüten von Vorteil. Für die Bienen, weil sie, einer bestimmten Sorte treu, überall die gleichen Verhältnisse antreffen, mit denen sie vertraut sind; nur wer gesehen hat, wie lange oft eine Biene, die zum erstenmal an eine bestimmte Blume kommt, mit ihrem Rüssel darin herumstochert, bis sie endlich die verborgenen Nektartröpfchen findet, und wie flink sie schon bei ihrem fünften oder sechsten Besuch zum Ziele kommt, kann beurteilen, welche Zeitersparnis dies bedeutet — wie ja jedermann die gleiche Verrichtung um so geschickter ausführt, je öfter er sie wiederholt. Doch von noch größerer Bedeutung ist dieses Verhalten für die Blumen, deren rasche und erfolgreiche Bestäubung daran hängt; denn mit Blütenstaub vom Klee wäre dem Thymian nicht gedient.

Soweit ist die Sache einfach und klar. Aber die Blumenstetigkeit gibt doch noch zu denken. Wie finden die Bienen auf der Wiese die gleichartigen Blumen so sicher heraus? An ihrer Farbe? Gewiß zum Teil, aber da die Bienen in der Hauptsache nur weiße, gelbe, blaue und vielleicht ultraviolette Blumen sehen, wo für unser Auge eine Fülle abgestufter Farbtöne besteht, so kann ihnen zur Unterscheidung der vielen Blütensorten voneinander der Farbensinn kein zuverlässiger Führer sein. Erkennen sie die gesuchte Sorte an der Blüten*form*? Man hat hierüber Versuche angestellt, mit dem eigenartigen Ergebnis, daß ein Erfassen und Behalten der Blütengestalt offenbar über das Vermögen des Bienenhirns hinausgeht. Zwar wird bei mehrfarbigen Blüten die Anordnung der Farben zueinander in gewissem Maße als Kennzeichen verwertet und gemerkt, nicht aber die Form der Blume als Ganzes.

Da liegt es nahe, an den so mannigfachen *Duft* der Blüten zu denken. Um seine Bedeutung für das sichere Erkennen der Blumen beurteilen zu können, müssen wir untersuchen, wie es mit dem Geruchsvermögen der Bienen steht.

## *Duftdressuren.*

Um die Bienen zu befragen, benützen wir wieder die Dressurmethode, die uns schon über das Farbensehen so einfach und zuverlässig Aufschluß gegeben hat. Wir müssen nur die Anordnung des Versuches etwas abändern.

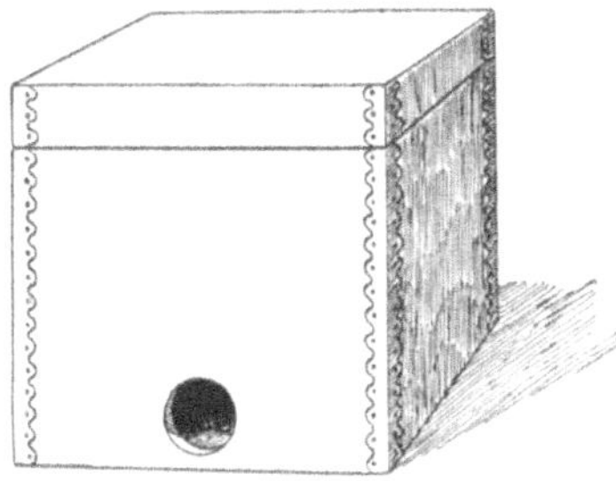

Abb. 43. Kartonkästchen für Duftdressur, Vorderansicht.

Wir verwenden Kartonkästchen, die alle untereinander gleich aussehen, oben mit einem aufklappbaren Deckel und in der Vorderwand mit einem Flugloch versehen sind (Abb. 43). In ein solches Kästchen geben wir ein Gefäß mit Zuckerwasser und legen auf das Bänkchen innen über dem Flugloch (vgl. Abb. 44), von außen nicht sichtbar, eine duf-

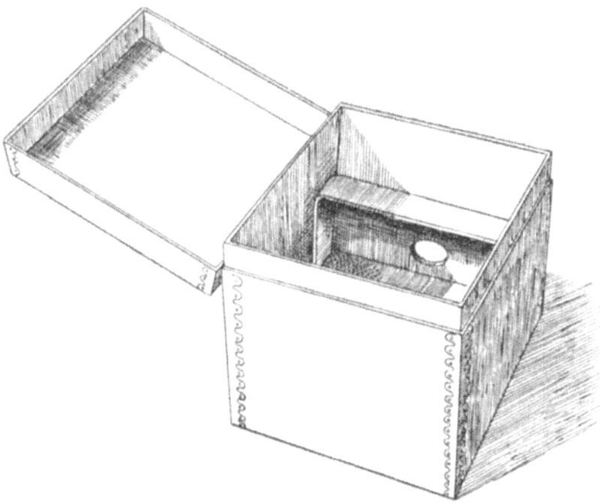

Abb. 44. Kartonkästchen, Deckel aufgeklappt, Einsicht von hinten.

tende Blume, z. B. eine Rose. Daneben stellen wir leere Kästchen auf, ohne Futter und ohne Rosen. Zunächst müssen wir die Bienen durch einen Honigstreifen in das fremdartige und ungewohnte Futterkästchen hineinlocken; ist diese erste Schwierigkeit überwunden, dann entwickelt sich rasch ein lebhafter Verkehr durch das Flugloch. Wir lassen das Futterkästchen bald mit diesem, bald mit jenem leeren Kästchen seinen Platz wechseln, damit sich die Bienen nicht, bei ihrem guten Ortsgedächtnis, an eine bestimmte Stelle gewöhnen, sondern den Duft als einzig zuverlässigen Führer zum Futter kennenlernen.

Nach wenigen Stunden können wir das entscheidende Experiment ausführen: Wir stellen reine Kästchen auf, die von Bienen noch nicht beschmutzt und in bezug auf Aussehen und Geruch sicher alle untereinander gleich sind. In eines geben wir eine duftende Rose, aber kein Futter. Nach wenigen Sekunden ist das Verhalten der Bienen klar: sie fliegen, eine nach der anderen, an das Flugloch des rosenduftenden Kästchens an und kriechen hinein, in die duftlosen Kästchen gehen sie nicht. Sie beweisen uns hierdurch, daß sie den Rosenduft wahrnehmen und daß sie ihn als Merkzeichen der Fundstelle verwerten.

Dies ist nicht weiter überraschend. Aber wir können diese Methode benützen, um über die Leistungsfähigkeit der Bienennase Genaueres zu erfahren. Mit Rücksicht auf die Blumenstetigkeit und die Unterscheidung der Blumensorten interessiert zunächst, wie weit ihr Unterscheidungsvermögen für Düfte geht. Wir stellen den Bienen die Aufgabe, den Dressurduft unter vielen, verschiedenartigen Düften herauszufinden.

Es ist aber nicht zweckmäßig, hierbei mit Blumen zu arbeiten. Sie duften manchmal stark und manchmal schwach, ja, es verändert sich die Art ihres Geruchs nach dem Pflücken zuweilen in unkontrollierbarer Weise, auch hat man sie nicht immer in der gewünschten Auswahl zur Hand.

In Südfrankreich ist ein ausgezeichnetes Verfahren in Brauch, um den Duft frischer Blüten zu konservieren: mit reinem, geruchlosem Paraffinöl durchtränkte Wolltücher werden zu wiederholten Malen z. B. mit frischen Jasminblüten bestreut; das Öl nimmt den Blütenduft in sich auf, wird dann aus den Tüchern gepreßt, in Flaschen verfüllt und in alle Welt verschickt, um bei der Herstellung von verschiedensten Erzeugnissen der Parfümindustrie verwendet zu werden. So kann man in einem Fläschchen mit Öl den Duft von Jasmin, Rosen, Orangenblüten usw. beziehen und ein paar Tropfen davon, auf das Bänkchen unseres Kartonkästchens gegeben, erfüllen dieses mit einem Blütenduft von wunderbarer Reinheit. Auch sonst gibt uns die Parfümindustrie mit ihren „ätherischen Ölen" eine unübersehbare Auswahl von Riechstoffen an die Hand.

Und nun ein Beispiel: Wir dressieren auf den Duft eines ätherischen Öles, Pomeranzenschalenöl. Dann stellen wir viele reine Kästchen auf (Abb. 45), und diesmal wird *jedes* Kästchen mit einem Duft versehen, eines mit dem Dressurduft, die anderen mit den verschiedensten Blumendüften und ätherischen Ölen; keines enthält Futter. Und die Bienen?

Sie fliegen an alle Fluglöcher heran, und stecken sozusagen überall ihre Nase hinein; bei dem Kästchen, das den Dressurduft enthält, schlüpfen sie ins Innere und suchen dort nach dem gewohnten Futter, vor den abweichend duftenden Öffnungen wenden sie sich im Fluge wieder ab. Nur wenn der Inhalt auch für unsere Nase dem Dressurduft sehr ähnlich ist, kommen Verwechslungen vor; so zwischen zwei Pomeranzenschalenölen, von welchen das eine aus Spanien, das andere aus Messina stammt. Für einen Menschen mit ungeschultem Geruchsorgan ist der Duft dieser beiden Pomeranzenöle kaum zu unterscheiden. Aber was hier die

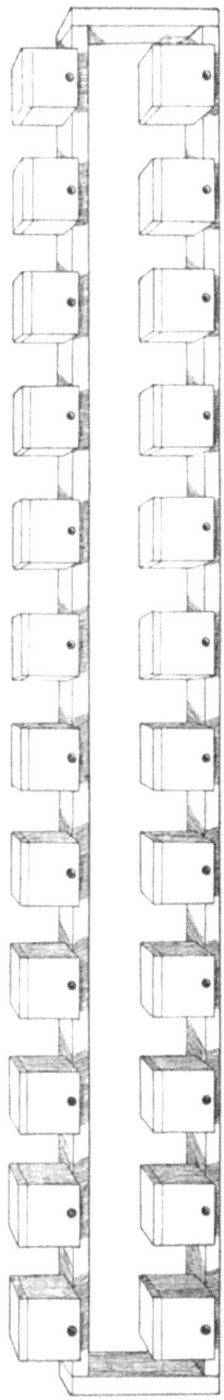

Abb. 45: Anordnung der Duftkästchen beim Versuch.

Schulung ausmacht, zeigen uns die Leute, bei denen die Pflege und Übung des Geruchsinnes zum Lebensberuf gehört. Ein tüchtiger Parfümsachverständiger wird bei einer geruchlichen Prüfung jener beiden Pomeranzenöle keinen Augenblick über ihre Herkunft im Zweifel sein. Die Bienen sind in ihrer Unterscheidung nicht so sicher, wie diese geübten Riech-Fachleute. Auf das sizilianische Öl dressiert, befliegen sie, freilich in geringerer Zahl, auch das Kästchen mit dem spanischen Pomeranzenöl.

Im ganzen geht aus diesem und aus vielen anderen Versuchen hervor, daß die Bienen den Dressurduft ausgezeichnet im Gedächtnis behalten und ihn von Düften, die für die menschliche Durchschnittsnase deutlich von ihm verschieden sind, mit großer Sicherheit unterscheiden. Da kaum zwei Blumensorten einander im Duft gleichen, wird ihre Blumenstetigkeit verständlich.

Man kann das Riechorgan der Biene auch noch in anderer Hinsicht auf seine Leistungsfähigkeit prüfen: wir dressieren auf einen bestimmten Blumenduft und bieten dann in einer Reihe aufeinanderfolgender Versuche den Dressurduft in immer weitergehender Verdünnung, bis die Tiere auch nach bester Dressur nicht mehr imstande sind, das Duftkästchen unter duftlosen Kästchen herauszufinden. Wir können mit der eigenen Nase Vergleichsproben anstellen und erhalten so einen Maßstab für die „Riechschärfe" der Bienen im Verhältnis zu der des Menschen. Der Vergleich offenbart eine über Erwarten große Übereinstimmung. Die Bienennase versagt angenähert bei der gleichen Verdünnung des Duftes, bei der ihn auch das menschliche Geruchsorgan nicht mehr zu erkennen vermag. Manche von den übrigen Insekten, und ebenso der Hund, ein Hirsch oder sonstige „Nasentiere" haben da ganz andere Leistungen aufzuweisen.

Wie nun beim Blumenbesuch Duft und Farbe zusammenwirken, das wird im Einzelfalle natürlich davon abhängen, wie intensiv die betreffenden Blumen duften, und wie lebhaft und in welcher Art sie gefärbt sind. Aber im allgemeinen läßt sich doch sagen, daß sich die Bienen aus der Entfernung nach der Farbe richten und durch sie zum Standort der

Blume geleitet werden, daß sie sich aber aus nächster Nähe durch den Duft vergewissern, ob sie an der gesuchten Sorte sind.

Man kann sich dies sehr anschaulich durch einen Dressurversuch vor Augen führen, wenn man die Bienen gleichzeitig auf einen Duft und auf eine Farbe dressiert, und ihnen dann Duft und Farbe getrennt bietet. Wir füttern z. B. in einem blauen Kästchen, das nach Jasmin duftet (Abb. 46 *a*, mittleres Kästchen). Nach genügender Dressur stellen wir links ein

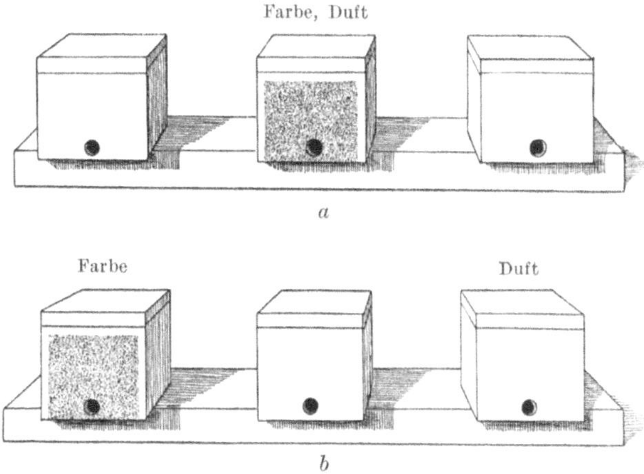


Abb. 46. Versuchsanordnung, Erklärung im Text. Die graue Punktierung bedeutet blaue Farbe.

blaues Kästchen ohne Duft, rechts ein jasminduftendes Kästchen ohne blaue Farbe auf (Abb. 46 *b*). Die vom Heimatstocke wiederkommenden Bienen fliegen aus bedeutender Entfernung zielsicher auf das blaue Kästchen los. Vor dem Flugloch angekommen, stutzen sie plötzlich, sie vermissen den gewohnten Jasminduft, und die wenigsten schlüpfen hinein. Die meisten beginnen ein zielloses Suchen und Herumschwärmen, den Kästchen entlang. Diejenigen, welche dabei auf einige Zentimeter an das Flugloch herankommen, dem der Jasminduft entströmt, schlüpfen trotz der fehlenden blauen Farbe meist kurz entschlossen hinein. Es ist, als hätte der Duft die größere Überzeugungskraft.

Das bestätigt auch die Beobachtung auf den Wiesen. Oft kann man sehen, wie eine sammelnde Biene, auf der Suche nach einer bestimmten Blume, auch an andere Blüten heranfliegt, und zwar nur an solche, deren Farbe für das Bienenauge dem Aussehen der gesuchten Blüten gleicht; aber in unmittelbarer Nähe wird sie durch den fremden Duft ihres Irrtums gewahr, sie stutzt einen Augenblick, und ohne sich niederzulassen zieht sie dahin, wo der nächste Farbfleck winkt.

### *Wo haben die Bienen ihre Nase?*

Selten ist die Wissenschaft solche Irrwege gegangen, wie auf der Suche nach der Nase der Insekten. Warum, ist schwer zu verstehen. Denn man weiß schon lange, daß die Ausbildung der Insekten*fühler* bei den verschiedenen Arten mit der Ausbildung des Geruchsvermögens in deutlicher Beziehung steht, und daß Insekten, denen man die Fühler abschneidet, auf Gerüche nicht mehr reagieren.

Ein Beispiel mag dies deutlich machen: Bei vielen Nachtschmetterlingen finden Männchen und Weibchen einander zur Fortpflanzungszeit mit Hilfe des Geruchsinnes. Das Gesicht wäre ihnen ja auch in der nächtlichen Dämmerung ein schlechter Führer. Wir wissen, daß das Weibchen einen Duft ausströmt, der das Männchen aus beträchtlicher Entfernung anlockt. Die menschliche Nase bemerkt allerdings an einem solchen Schmetterlingsweib selbst aus unmittelbarer Nähe keinen Geruch. Aber es kann sich nur um eine Duftwirkung handeln. Denn setzt man ein Weibchen unter eine Glasglocke, so daß es gut sichtbar ist, so macht es auf vorbeifliegende Männchen nicht den geringsten Eindruck. Setzt man es aber noch so versteckt und unsichtbar in irgendeinem Winkel unter eine Drahtglocke, durch deren Maschen Duftstoffe entweichen können, dann finden sich die Männchen in Menge herbei und belagern förmlich das Drahtgeflecht. Hebt man die

Glocke ab und nimmt das Weibchen weg, so belagern sie den Fleck, auf dem es gesessen hat, und dem der Duft noch anhaftet. Wir kennen auch die Duftdrüsen am weiblichen Schmetterlingskörper, die bei gewissen Arten, als zwei lebensfrische Duftfläschchen rechts und links am Hinterleib, diesen für uns nicht wahrnehmbaren Lockgeruch erzeugen. Man kann einem Schmetterlingsweibchen ohne Schwierigkeit, und ohne es dadurch in seinem Aussehen und in seiner Beweglichkeit nennenswert zu schädigen, diese Duftdrüsen herausschneiden. Es gewährt einen tiefen Blick in die andere Vorstellungswelt dieser Tiere, wenn man sieht, daß die Männchen im Augenblick, wo eine solche Operation vollzogen ist, das Interesse am Weibchen völlig verlieren; der für unser Auge unveränderte, lebhaft flatternde Schmetterling ist für das Männchen einfach nicht mehr vorhanden, dagegen versucht dieses, natürlich vergeblich, mit den kleinen reglosen Klümpchen, mit den ausgeschnittenen Duftdrüsen zu kopulieren, die ihm den Lebensinhalt des weiblichen Wesens verkörpern.

Hier geht jene vorhin erwähnte Beziehung zwischen Ausbildung der Fühler und Ausbildung des Geruchsvermögens so weit, daß zwischen den beiden Geschlechtern derselben Art ein auffallender Unterschied besteht: das Weibchen, das sich bei der ganzen Angelegenheit passiv verhält, hat schmale, schlanke Fühler, beim Männchen aber, das bei der Brautsuche auf seinen Geruchsinn angewiesen ist, sind sie mächtig vergrößert (Abb. 47).

Nimmt man dem Männchen die Fühler weg, so vermag es das Weibchen aus nächster Nähe nicht mehr aufzufinden.

Trotz solcher Hinweise, die man auch von anderen Insekten kennt, haben manche Naturforscher die Nase dieser Tiere an ihren Flügeln und Beinen, an ihrem Hinterleib und an anderen unwahrscheinlichen Körperstellen gesucht. Daß Insekten, denen man die Fühler abschneidet, auf Gerüche nicht mehr reagieren, hat man auf eine schwere Schädigung des Allgemeinbefindens zurückführen wollen, bewirkt durch die Amputation dieser nervenreichen Kopfanhänge. Die Tiere sollten, wie nach einem schweren Schock, überhaupt stumpf und gleichgültig werden, ohne daß sie doch ihr Geruchsvermögen eingebüßt hätten.

Durch zwei einfache Bienenversuche können wir uns überzeugen, wie unrichtig diese Auffassung ist.

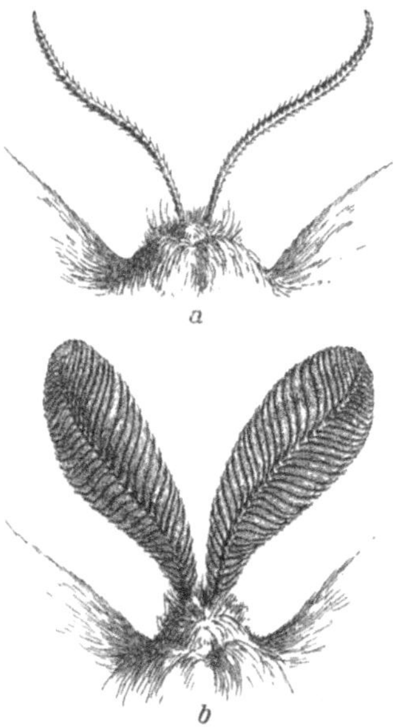

Abb. 47. Kopf und Fühler eines Nachtschmetterlings, von oben gesehen. *a* Weibchen, *b* Männchen (etwa dreifach vergrößert).

Wir füttern eine Biene aus einem Zuckerwasserschälchen, das auf einem grauen Papier steht. Rings um das Schälchen sind einige Tropfen eines Riechstoffes, z. B. Pfefferminzduft, aufgetropft. Daneben liegen drei andere graue Papiere, jedes mit einem leeren Schälchen, und alle drei mit einem anderen Riechstoff versehen, z. B. mit Thymianduft. Die Biene findet also ihr Futter stets bei Pfefferminzduft, sie wird auf diesen dressiert. Nach einer Weile machen wir eine Probe, ob die Dressur vollendet ist: wir entfernen das Futter und legen vier graue Platten auf, die sämtlich *leere* Glasschälchen tragen; eine Platte erhält einige Tropfen des Dressurduftes (Pfefferminz), die anderen ebenso viele Tropfen des „Gegenduftes“ (Thymian). Die Biene orientiert sich nach dem Duft, setzt sich auf die Pfefferminzplatte und sucht dort nach dem Futter. Nun wiederholen wir das Experiment, schneiden aber der Biene zuvor beide Fühler ab. Die Operation macht ihr offenbar nicht viel Eindruck, wie denn überhaupt dem Insektenwesen die Empfindung des Schmerzes fremd zu sein scheint. Sie setzt ihre Suche nach dem Futterschälchen fort, fliegt von Platte zu Platte, hält über jeder schwebend an (Abb. 48), aber sie ist außerstande, den Pfefferminzduft herauszufinden und setzt sich schließlich nach den Regeln des Zufalles hierhin oder dorthin.

Ihr Benehmen macht nicht den Eindruck, als wenn sie einen schweren Schock erlitten hätte. Aber wir können es durch einen zweiten Versuch *beweisen,* daß sie durch die Fühleramputation nicht stumpf und gleichgültig wird: wir füttern eine Biene auf einer blauen Fläche und stellen daneben leere Schälchen auf gelben Flächen auf. Wir dressieren sie also auf die blaue Farbe. Und wiederholen wir jetzt

Abb. 48. Eine Biene ist durch Fütterung mit Zuckerwasser auf den Duft eines ätherischen Öles dressiert worden. Nach Amputation der Fühler ist sie nicht mehr fähig, die mit dem Dressurduft betropfte Platte von anders duftenden Flächen zu unterscheiden. Die Photographie zeigt, wie die operierte Biene knapp über einer Duftplatte schwebt. So fliegt sie von einer zur andern und versucht erfolglos, sie zu beriechen.

den Versuch in entsprechender Weise, so fliegt die Biene trotz Fühleramputation sofort auf die blaue Fläche los, setzt sich darauf und sucht das leere Schälchen nach dem Futter ab (Abb. 49). Sie hat also durch das Abschneiden der Fühler nicht ihre Reaktionsfähigkeit überhaupt verloren, sondern nur die Fähigkeit eingebüßt, sich nach dem Duft zu orientieren. Die Fühler sind die Träger der Geruchsorgane.

Wie die Augen der Bienen nach einem anderen Bauplan gebaut sind und doch ähnliches leisten wie das Auge des Menschen, so ist es auch mit den Riechwerkzeugen. Beim Menschen liegt das Geruchsorgan in der Tiefe der Nasenhöhle, wo zahllose Nervenfasern in der zarten Schleimhaut wurzeln. Hier wirken die Riechstoffe auf sie ein, die uns mit der Atemluft zugetragen werden. So wie die Lichteindrücke vom Auge durch den Sehnerv, so werden die Geruchseindrücke von der Nase durch den Riechnerv zum Gehirn geleitet und gelangen da in unser Bewußtsein.

Die Insekten haben keine solche Nase. Ihre Atmungsöffnungen liegen nicht am Kopf, sondern an anderen Körperstellen, und sind daher zum Riechen ungeeignet. Denn das

Abb. 49. Kontrollversuch: Eine auf blaue Farbe dressierte Biene fliegt auch nach der Amputation der beiden Fühler zielsicher die blaue Fläche an und sucht das leere Glasschälchen daselbst hartnäckig nach dem gewohnten Futter ab, während sie die Schälchen auf drei benachbarten gelben Papieren nicht beachtet. Die Reaktionsfähigkeit hat durch die Operation nicht gelitten.

Geruchsorgan als ein wichtiges und bisweilen führendes Sinnesorgan hat seine zweckmäßigste Lage vorne am Kopf. Diese Lage nehmen die vorgestreckten Fühler ein (vgl. Abb. 16 S. 18, *F.*). In sie zieht, vom Gehirn kommend, der Riechnerv hinein. Aber die Nervenfasern können sich hier nicht einfach an der Oberfläche ausbreiten und mit den Riechstoffen der Luft Kontakt gewinnen, wie in der Nasenschleimhaut des Menschen. Denn wie wir schon wissen, ist ja die ganze Oberfläche des Insektenkörpers, und so auch die Oberfläche der Fühler, von einem festen Panzer überzogen. Um den Riechstoffen den Zutritt zu den Riechnervenfasern zu ermöglichen, muß der Panzerüberzug der Fühler mit unzähligen feinsten Porenkanälchen durchsetzt sein, die nur bei starker Vergrößerung im Mikroskop erkennbar werden und dann die Fühleroberfläche mit hellen Punkten übersäet erscheinen lassen. Abb. 50 zeigt das Aussehen eines Bienenfühlers bei etwa 20 facher Vergrößerung, Abb. 51 ein einzelnes Fühlerglied etwa 160 fach vergrößert. Schneidet man ein solches Fühlerglied senkrecht durch, wozu es freilich bei der

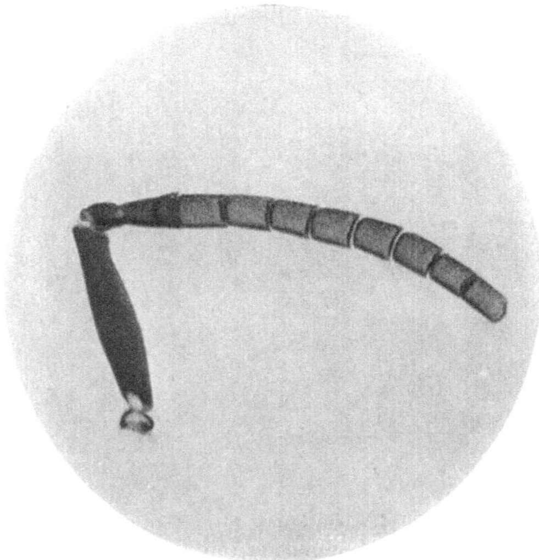

Abb. 50. Ein Bienenfühler, etwa 20 fach vergrößert. Er ist aus zwölf Gliedern beweglich zusammengesetzt. (Phot. Dr. Leuenberger.)

Kleinheit des Gebildes besonderer Vorbereitungen und Hilfsmittel bedarf, dann kann man die feinsten Verzweigungen des Riechnerven in die Porenkanäle des Panzers eintreten und hier enden sehen. Man erkennt dann auch, daß die Porenkanäle nicht wirklich offen, sondern durch ein dünnes Panzerhäutchen nach außen abgeschlossen sind; diese Verschlußhäutchen sind so zart, daß sie die Riechstoffe aus der umgebenden Luft durchtreten lassen, und doch fest genug, um die zarten Nervenenden vor dem Austrocknen zu schützen.

Zwischen diesen Riechporen steht ein Wald von kleinsten Tasthärchen, so daß der Fühler neben einem Geruchsorgan zugleich das wichtigste Tastorgan der Biene ist. Das muß, wenn man sich's recht überlegt, eigenartige Folgen haben. Für unsere Nase ist es vollkommen gleichgültig, ob wir einen runden oder eckigen, einen kurzen oder langen duftenden Gegenstand beriechen. Die Duftstoffe kommen in den Wirbel des eingeatmeten Luftstromes und bis sie in der Tiefe der Nasenhöhle ans Geruchsorgan gelangen, besteht keinerlei

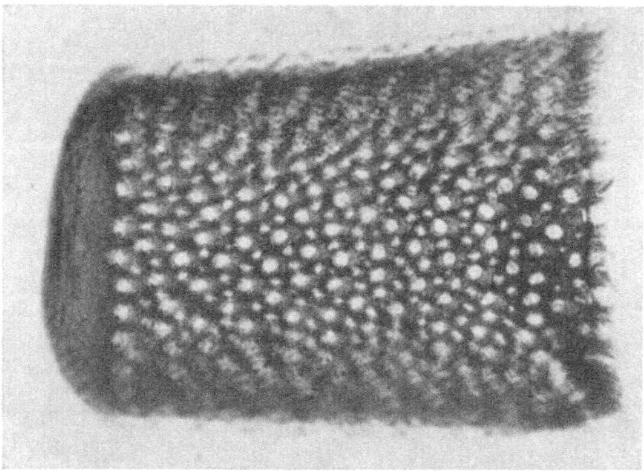

Abb. 51. Ein Glied des Bienenfühlers, etwa 160fach vergrößert. Die hellen Punkte sind die Riechporen. (Phot. Dr. Leuenberger.)

Beziehung mehr zwischen der Form des berochenen Körpers und der Art und Weise, wie das Riechorgan von den Duftstoffen getroffen wird. Anders bei der Biene. Wenn sie im Dunkel des Stockes mit ihren Fühlern die wachsduftenden Zellen ihres Wabenbaues oder ein abgelegtes Ei oder die Brutmaden betastet und untersucht, werden, da die Tast- und Geruchsorgane gemeinsam über die Fühleroberfläche zerstreut stehen, Tast- und Geruchseindrücke in engster Verbindung und in strenger Abhängigkeit von der Form des Gegenstandes wahrgenommen. Die Folge dürfte sein, daß die Bienen *„plastisch" riechen* können, so wie wir die Gegenstände plastisch *sehen,* indem wir von Jugend an gewöhnt sind, die Gesichtseindrücke mit dem körperlichen Fühlen aufs engste zu verquicken. Ob wir mit unserer Nase an den sechseckigen Zellen einer Wabe oder an einer daraus geformten Wachskugel riechen, es bleibt derselbe Eindruck, es riecht nach Wachs. Für die Biene aber ist vielleicht der „sechseckige Wachsgeruch" vom „kugeligen Wachsgeruch" ebenso verschieden, wie für uns der Anblick einer Wachswabe und einer Wachskugel. Die Leistungsfähigkeit des Geruchsinnes mag dadurch zu einer großen Vollkommenheit gehoben werden. Uns ist sie nicht faßlich, weil sie unserem Empfinden fremd ist. Für die Biene aber, die bei allen Verrichtungen in ihrem dunklen Bau nur auf den Tast- und Geruchsinn angewiesen ist, bedeutet solches einen großen Gewinn.

## 10. Vom Riechen und Schmecken.

Im Salzburgischen kann man häufig sagen hören, wenn jemand an einem duftenden Blumenstrauß riecht: „*Das schmeckt gut*". Niemand wird im Zweifel sein, daß mit dieser lässigen Ausdrucksweise gemeint ist: *das riecht gut*. Aber die wenigsten wissen, daß sie sich fast ebenso fehlerhaft ausdrücken, wenn sie beim Genuß eines Bratens oder bei einem Trunk Wein seinen guten „Geschmack" loben. Tatsächlich sind wir nicht imstande, zwischen Geruch und Geschmack scharf zu unterscheiden. Dies ist in der nachbarlichen Lage der beiden Sinnesorgane und in der Art ihrer Inanspruchnahme begründet.

Geruchs- und Geschmackssinn haben gemeinsam, daß sie nur auf unmittelbare Berührung mit den gerochenen oder geschmeckten Dingen ansprechen, und daß die Art der Empfindung von der chemischen Beschaffenheit dieser Dinge abhängt. Beim Geschmack wird dies ohne weiteres einleuchtend sein: ein Stückchen Zucker oder ein Körnchen Salz, das wir in den Mund nehmen, löst sich im Mundspeichel auf und wirkt auf die Geschmacksnerven, die über die Zungenoberfläche verteilt sind. Aber auch beim Geruch ist es so; wir können nur solche Stoffe riechen, die sich verflüchtigen, von deren Oberfläche sich fortwährend kleinste Teilchen ihrer Substanz ablösen, die sich durch die Luft verbreiten. Sehen kann man diese sich ablösenden Teilchen nicht, weil sie außerordentlich klein sind, aber man kann sie auf andere Art nachweisen, z. B. dadurch, daß man einen duftenden Körper auf eine sehr empfindliche Wage legt; man bemerkt dann, daß er andauernd, wenn auch sehr wenig, an Gewicht verliert. Bei manchen, stark riechenden Körpern geht ja auch dieses Davonfliegen der Teilchen in solchem Maßstabe vor sich, daß von einem ansehnlichen Stück — z. B. Kampfer — in absehbarer Zeit nichts mehr da ist. Die sich ablösenden Teilchen gelangen nun mit der Atemluft auch in die Nase und lösen, durch die Berührung mit den Riechnerven, je nach ihrer chemischen Beschaffenheit eine bestimmte Geruchsempfindung aus.

Abb. 52 zeigt an einem Längsschnitt durch einen menschlichen Kopf die Lage des Geruchs- und Geschmacksorganes. Was wir essen und trinken, nimmt seinen Weg von der Mundhöhle durch den Schlund in die Speiseröhre (ausgezogene Pfeil-Linie); diesen Weg überkreuzt die Atemluft (punktierte Pfeil-Linie), die durch die Nase, über das Gaumensegel weg, durch den Kehlkopf in die Luftröhre geht. Sitz des Geschmacksinnes ist die Zunge, Sitz des Geruchsinnes ist der kleine, schwarzschraffierte Teil der Nasenschleimhaut oben in der Nasenhöhle. Hier streichen die mit der Atemluft eingesogenen Riechstoffe vorbei, hierhin gelangen aber auch von hinten her, über das Gaumensegel hinweg, ohne daß wir uns dessen bewußt sind, die mannigfachen Riechstoffe aller Speisen und Getränke, die wir in den Mund nehmen. Erst bei Ausschaltung des Geruchsinnes, etwa durch eine Erkrankung, merken wir, wie wenig von dem „Wohlgeschmack“ der Speisen und Getränke übrigbleibt, wenn wir sie allein mit der Zunge prüfen. Der Geschmacksinn vermittelt uns ausschließlich die Empfindungen süß, sauer, salzig und bitter, die freilich in jeder denkbaren Weise miteinander kombiniert sein können. Alles andere „Aroma“ wird uns durch den Geruchsinn vermittelt. Jeder weiß ja auch, wie sehr schon durch einen Schnupfen, d. h. durch die mit dem Schnupfen verbundene Schädigung des Geruchsinnes, der „Geschmack“ beeinträchtigt wird.

Bei den Bienen liegen die Geschmacksorgane in der Mundhöhle und im Saugrüssel. Ob hier eine ähnliche Verschmel-

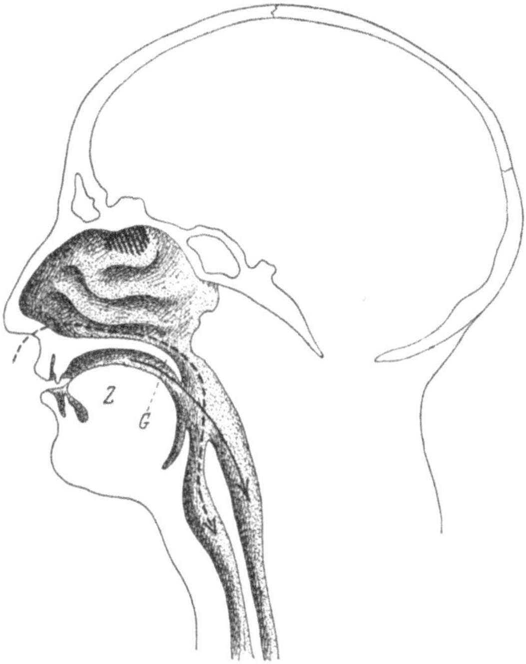


Abb. 52. Längsschnitt durch einen menschlichen Kopf. Die ausgezogene Pfeillinie zeigt den Weg der Speisen, die punktierte Pfeillinie den Weg der Atemluft. *Z* die Zunge, der Sitz des Geschmacksinnes. Das schwarz schraffierte Feld in der Nasenhöhle ist der Sitz des Geruchsinnes. *G* Gaumensegel.

zung von Geruchs- und Geschmacksempfindungen vorkommt, das wissen wir nicht, denn niemand kann sich in die Bienenseele hinein versetzen. Doch im übrigen besteht mit den Verhältnissen beim Menschen eine Übereinstimmung, die bei der so gänzlich anderen Organisation des Insektenkörpers immerhin bemerkenswert ist. Das Geruchsorgan ist auf jene winzigen Partikelchen eingestellt, die von den Riechstoffen ausgehen, und spricht auf sie mit einer Empfindlichkeit an, mit der es die Methoden der modernen Chemie nicht entfernt aufnehmen können; kein Chemiker vermag mit seinen Reagentien jene Spuren von Stoffen nachzuweisen, die schon genügen, um bei Mensch oder Biene eine deutliche Geruchsempfindung auszulösen. Durch diese Empfindlichkeit wird der Geruch zu einem Sinn, der in die Ferne reicht; die flüchtigen Boten der Riechstoffe stellen die Verbindung her. Der Geschmacksinn aber ist verhältnismäßig stumpf und seine Aufgabe erschöpft sich darin, die Nahrung bei ihrer Aufnahme auf ihre chemische Beschaffenheit zu prüfen. Eine weitere Beschränkung liegt, bei der Biene wie beim Menschen, in der geringen Zahl der durch den Geschmack vermittelten Empfindungen: süß, sauer, bitter, salzig.

Von diesen ist der Süßgeschmack für die Honig sammelnden Bienen von besonderer Bedeutung. Und hier geht auch ihre Leistung über die des menschlichen Geschmacksorganes hinaus. Nicht darin, daß die Bienen eine Zuckerlösung noch in besonders starker Verdünnung zu schmecken vermöchten, sondern im scharfen Erkennen des nahrhaften Zuckers. Mit Saccharin und ähnlichen Surrogaten, die für den menschlichen Geschmack dem Zucker zum Verwechseln ähnlich sind, ohne daß sie aber einen Nährwert hätten, kann man die Bienen nicht täuschen. Der Grund ist nicht in hervorragender Intelligenz zu suchen, sondern er liegt einfach darin, daß jene für uns intensiv süßen Surrogate für die Bienen geschmacklos sind.

## 11. Wie die Bienen miteinander reden.

Es war in den letzten Kapiteln mehrfach von Dressurversuchen die Rede, die uns über das Sinnesleben der Bienen Aufschluß geben können. Voraussetzung für solche Experimente ist, daß die Bienen, die wir dressieren wollen, an unseren Versuchstisch kommen. Um sie heranzulocken, gibt es ein einfaches Mittel. Wir legen auf den Tisch einige Bogen

Papier, die wir ausgiebig mit Honig bestreichen. Meist dauert es einige Stunden, oft einige Tage, bis eine herumsuchende Biene zufällig in die Nähe kommt, durch den Honigduft aufmerksam wird und sich an der verschwenderischen Fülle gütlich tut. Jetzt haben wir gewonnenes Spiel und können schon unsere Versuchsvorbereitungen treffen; denn wir dürfen sicher sein, daß nicht nur diese Biene nach einigen Minuten wiederkehrt, sondern daß wir nach wenigen Stunden Dutzende, ja Hunderte von Bienen auf dem Tische haben. Geht man ihrer Herkunft nach, so wird man finden, daß sie fast ausnahmslos dem gleichen Volk angehören, wie die erste Entdeckerin. Es scheint also, daß diese den reichen Fund daheim in ihrem Stock irgendwie verkündet und die anderen herbeigeholt hat.

Nun möchten wir gerne wissen, *wie* sie zu Hause von ihrem Fund erzählt. Vielleicht sagt sie auch gar nichts, vielleicht merken es die anderen von selbst, wenn sie den reichen Segen ausschüttet, und fliegen ihr nach, sobald sie den Stock wieder verläßt?

Es gibt nur ein Mittel, um über diesen Vorgang ins Reine zu kommen. Wir müssen schauen, wie sich die Heimkehrende benimmt, und wie sich die anderen zu ihr verhalten. In einem gewöhnlichen Bienenstock können wir das nicht feststellen. Aber in unserem Beobachtungsstock (vgl. S. 40) können wir ihr zusehen, vorausgesetzt, daß wir sie am Futterplatz gezeichnet haben (vgl. S. 42), so daß wir sie im Gewühle der Stockgenossen wieder erkennen und nicht aus den Augen verlieren. Dann sieht man, wie sie zum Flugloch hereinkommt, auf den Waben aufwärts läuft und zunächst irgendwo inmitten ihrer Stockgenossen still sitzen bleibt. Sie würgt den gesammelten Honig aus ihrem Magen hervor, er erscheint als glänzender Tropfen vor ihrem Munde und wird sogleich von zwei oder drei jüngeren Stockgenossen aufgesogen, die ihr den Rüssel entgegenstrecken (Abb. 53), diese sorgen für seine weitere Verwendung, gehen über die Waben und füttern, je nach Bedarf, die hungrigen Kameraden oder füllen den Honig in Zellen ein — interne Angelegenheiten, mit denen sich die Sammlerin selbst nicht aufhält. Diese würgt noch ein zweites, vielleicht ein drittes Honigtröpfchen hervor, das ihr in gleicher Weise abgenommen wird; dann aber bietet sie ein Schauspiel, wohl wert, von den großen Bienenpoeten besungen zu werden. Aber diese haben es noch nicht gekannt. Und so muß der Leser mit einer prosaischen Schilderung vorliebnehmen.

Abb. 53. Heimgekehrte Sammlerin (im Bilde unten), den Honig an drei andere Bienen abgebend.

*Ein Rundtanz als Verständigungsmittel.*

Die Sammlerin, die sich ihrer Bürde entledigt hat, beginnt eine Art *Rundtanz*. Sie läuft mit raschen, trippelnden Schritten auf dem Fleck der Wabe, wo sie gerade sitzt, in engen Kreisen herum, den Sinn der Drehung häufig ändernd, so daß sie einmal rechts herum, dann wieder links herum rast und in ständigem Wechsel bald so, dann wieder anders herum ein bis zwei Kreisbogen beschreibt. Dieser Tanz vollzieht sich im dichtesten Gedränge der Stockgenossen und wird dadurch besonders auffallend und reizvoll, daß er die Umgebung ansteckt; die Bienen, die der Tänzerin zunächst sitzen, trippeln hinter ihr drein und suchen durch die vorgestreckten Fühler mit ihrem Hinterleib Kontakt zu halten, machen auch alle Schwenkungen mit, so daß die Tänzerin bei ihren tollen

Abb. 54. Der Rundtanz einer Honigsammlerin auf der Wabe.
Die Tänzerin ist durch einen weißen Farbtupfen gekennzeichnet; sie wird von zwei ungezeichneten Bienen lebhaft verfolgt.

Bewegungen stets gleichsam ein Schwanzbüschel von anderen Bienen hinter sich herführt. Ein paar Sekunden, eine halbe, eine volle Minute kann dieser Wirbel dauern, dann hört die Tänzerin unvermittelt auf, löst sich von ihrer Gefolgschaft, um bisweilen noch an einer anderen Stelle der Waben den gleichen Tanz zu wiederholen. Dann aber eilt sie plötzlich wieder dem Flugloch zu und fliegt zum Futterplatz, um eine neue Ladung einzubringen, und bei jeder Heimkehr wiederholt sich das Schauspiel.

Es ist nicht möglich, diesen Tanz in Worten anschaulich zu schildern. Man muß das gesehen haben. Vielleicht vermögen die Filmbildchen (Abb. 54), die aus einer kinematographischen Aufnahme entnommen sind, eine schwache Vorstellung von der Wirklichkeit zu geben. Aber es fehlt eben bei dieser Art der Reproduktion gerade das Wesentliche, die Bewegung.

Was hat dieser Rundtanz zu bedeuten? Es ist offensichtlich, daß er die nächsten Stockgenossen in helle Aufregung versetzt. Man kann auch beobachten, wenn man die eine oder andere aus der Gefolgschaft der Tänzerin scharf im Auge behält, daß sie Vorbereitungen zum Ausflug trifft, sich rasch ein bißchen putzt, dem Flugloch zustrebt und den Stock verläßt. Dann dauert es nicht lange, und an unserer Futterstelle gesellen sich zur ursprünglichen Entdeckerin die ersten Neulinge. Auch sie tanzen, wenn sie beladen heimkehren, und je mehr der Tänzerinnen werden, desto mehr Neulinge drängen sich an den Futterplatz. Der Zusammenhang ist nicht zu bezweifeln. Der Tanz verkündet im Stock die gefundene reiche Tracht. Aber wie finden die verständigten Bienen den *Ort*, wo das Futter zu holen ist?

Die nächstliegende Annahme ist, daß sie im Stock nach der Beendigung des Tanzes mit der Tänzerin zum Flugloch laufen und ihr nachfliegen, wenn sie den Futterplatz wieder aufsucht. So ist es aber bestimmt nicht. Man kann sich durch einfache Beobachtung davon überzeugen, daß niemand mit der Tänzerin Schritt hält, wenn sie hastig über die Waben zum Flugloch hinunterstürzt, und man kann sich ebenso vergewissern, daß niemand unmittelbar hinterdrein fliegt, wenn sie vom Stock her zum Futterplatz angeflogen kommt. Unvermittelt und unerwartet tauchen die Neulinge hier auf, gleichgültig, ob noch die Fülle des Honigs lockt, oder ob wir die honigbestrichenen Papiere entfernt haben und, um eine Anziehung durch den Duft aus dem Spiele zu lassen, in einem Schälchen mit reinem Zuckerwasser füttern. Die Verständigung über den Ort war ein Rätsel und blieb es geraume Zeit.

In solcher Lage verfällt man auf die abenteuerlichsten Ideen. Kennen die Bienen die Himmelsrichtungen, und sagen sie vielleicht den Kameraden, nach welcher Seite sie zu fliegen haben? Die Prüfung dieser Frage führte einen Schritt weiter.

Unser Futterplatz sei in südlicher Richtung vom Bienenstock, 20 Meter von ihm entfernt. Hier ziehen wir an ein Schälchen mit Zuckerwasser eine Schar von etwa 12 Bienen heran, die wir zeichnen, und die nun sammeln und nach jeder Heimkehr auf den Waben ihre Tänze vollführen. Dann stellen wir, gleichfalls in südlicher Richtung, aber in anderer Entfernung, etwa 10, 50 und 100 Meter vom Stock, andere Glasschälchen ins Gras, die Zuckerwasser und ein bißchen Honig enthalten — letzteres, um den Bienen das Auffinden etwas zu erleichtern; und ebensolche Schälchen stellen wir in nördlicher, westlicher und östlicher Richtung vom Stock auf. Unsere gezeichnete Schar verkehrt auch weiterhin nur an der einen südlichen Futterstelle, die ihr bekannt ist. Nun muß sich zeigen, ob die Neulinge nur im Süden suchen.

Das geschieht nicht, sondern *alle* Schälchen im ganzen Umkreise werden in kürzester Zeit von Bienen unseres Volkes aufgefunden, sobald im Stock getanzt wird.

So klärt sich die Sache überraschend einfach. Die Tänze im Stock verkünden nichts weiter, als daß es reichlich Futter gibt. Daraufhin schwärmen die alarmierten Kameraden nach allen Seiten suchend aus und dank ihrer Zahl und Ausdauer währt es nicht lange, bis einige von ihnen die rechte Stelle finden und sich als Neulinge der ersten Entdeckerin zugesellen; fort und fort wächst dann die Schar am Futterplatz, wobei wir freilich zunächst nicht ahnen konnten, daß gleichzeitig eine vielfach größere Zahl nach anderen Himmelsrichtungen vergeblich suchend herumstreift.

Nun erhebt sich die weitere Frage: auf welchen Umkreis erstrecken sich die Suchflüge?

Wir behalten den ersten Futterplatz in der Nähe des Stockes bei, stellen aber in den kommenden Versuchen unsere anderen Honigschälchen, die von den Neulingen gefunden werden sollen, in immer größerer Entfernung auf. Je weiter wir mit ihnen gehen, desto länger dauert es, bis die Bienen kommen, aber *sie kommen*, und sie kamen auch bei einem letzten Versuch, freilich erst nach 4 Stunden, zu unserem kleinen Schälchen, das 1 km vom Stock entfernt inmitten ausgedehnter Wiesenflächen, durch Täler und bewaldete Hügel vom Bienenheim getrennt, wie verloren im Grase stand. Die Bienen, die dort ans Schälchen kamen, wurden gezeichnet, ihr Abflug von der Futterstelle durch eine Postenkette an den Standort des Volkes signalisiert, und wenige Minuten später wußten wir, daß es nicht zufällige Gäste von irgendwelchen umliegenden Bienenständen, sondern Angehörige unseres alarmierten Beobachtungsvölkchens waren.

Es war ein *kleines* Volk, das zu diesen Versuchen diente. Auch bei starken Völkern pflegen sich die Ausflüge nicht weiter als auf 3—4 km zu erstrecken, und dies nur in ebenem oder schwach hügeligem Gelände. Wenn unser Völkchen in der Gebirgslandschaft schließlich das 1 km entfernte Schälchen fand, so dürfen wir annehmen, daß die Bienen bei anhaltenden Tänzen, die eine lohnende Tracht verkünden, zunächst die Umgebung des Stockes, dann den weiteren Umkreis und schließlich den ganzen Flugbereich absuchen.

Nehmen wir unseren gezeichneten Bienen auf dem Futtertisch das Schälchen weg, so daß sie an der gewohnten Stelle nichts mehr finden, dann benehmen sie sich nicht anders, als wenn die natürliche Blumentracht bei ungünstiger Witterung versiegt und die gewohnten Blüten vorübergehend keinen Honig spenden: sie bleiben daheim, die Tänze hören auf. Und jetzt können unsere Honigschälchen, ob kilometerweit entfernt oder in nächster Nähe des Bienenstockes, stunden-

und tagelang im Grase stehen, ohne daß sie von einer einzigen Biene aufgefunden werden.

Darüber wird man sich vielleicht wundern. Denn die wenigen gezeichneten Bienen unserer Futterstelle sind ja nicht die einzigen Sammlerinnen des Volkes; während sie zum Zuckerwasserschälchen kamen, flogen gleichzeitig Hunderte, ja Tausende ihrer Stockgenossen an verschiedene Blumen, um Blütenstaub und Honig zu sammeln. Wenn wir am künstlichen Futterplatz mit der Fütterung aussetzen, so sammeln diese anderen doch weiter. Warum senden sie, die von der Blumentracht kommen, nicht die Kameraden durch Tänze nach allen Seiten auf die Suche und so auch zu den Schälchen? Die Antwort ist: meistens tanzen sie nicht, und wenn sie tanzen, schicken die Blumensammler die Stockgenossen nicht zu den Zuckerwasserschälchen.

Beides ist so merkwürdig, daß es einer näheren Auseinandersetzung wert ist.

### *Warum nicht alle sammelnden Bienen tanzen.*

Wir bieten den gezeichneten Bienen an ihrer Futterstelle ein mit Zuckerwasser gefülltes Schälchen (Abb. 55). Sie sam-

Abb. 55. „Reiche Tracht" am künstlichen Futterplatz. Die Bienen saugen am gefüllten Zuckerwasserschälchen. Von oben herab photographiert.

meln, sie tanzen nach der Heimkehr auf den Waben. Sie sammeln und tanzen, solange wir das Schälchen gefüllt halten, und holen so andauernd Neulinge herbei, die wir ständig wegfangen müssen, wenn die sammelnde Schar nicht ins Ungemessene wachsen soll.

Dann stellen wir statt des gefüllten Schälchens ein anderes auf, das mit mehrfachen Lagen von Fließpapier ausgelegt ist. Wir befeuchten dieses vermittelst einer Spritze von unten her mit Zuckerwasser, das die Bienen mühsam, und ohne sich richtig vollpumpen zu können, aus den Fasern des durchfeuchteten Papieres heraussaugen müssen. Wir bieten, statt der reichen Tracht, spärliche Tracht (Abb. 56). Sie sammeln mit unverminderter Ausdauer weiter. Aber nun müssen sie sich plagen, und jetzt tanzen sie nicht mehr. Heimgekehrt, trippeln sie auf den Waben empor, würgen ihre spärliche Ausbeute heraus, um sie, wie immer, den Futterabnehmern zu übergeben, und ohne nur einen Ansatz zu einem Rundtanz zu machen, kehren sie um und eilen zur Futterstelle zurück. Mit dem Ausbleiben der Tänze bleiben auch die Neulinge aus, und die Schar erhält keinen weiteren Zuwachs.

Abb. 56. „Spärliche Tracht“ am künstlichen Futterplatz. Die Bienen saugen an Fließpapier, welches von unten her vermittels einer Spritze spärlich mit Zuckerwasser durchtränkt wird.

Wir kommen den natürlichen Verhältnissen näher, wenn wir den Versuch, statt mit Zuckerwasserschälchen, mit Blumen ausführen. Schneiden wir z. B. einige blühende Robinienzweige ab, stecken sie in ein Gefäß mit Wasser und bewahren sie an einem vor Insekten geschützten Ort auf, so hat sich nach einigen Stunden reichlich Nektar in den Blüten angesammelt. Nun bieten wir der Bienenschar diesen Blumenstrauß am gewohnten Futterplatz. Es bedarf eines kleinen Tricks, um sie ohne Zeitverlust zum Besuch der Blüten, die ihnen neu sind, zu veranlassen. Sobald dies gelungen ist, beuten sie diese natürliche reiche Trachtquelle aus und benehmen sich genau so, wie am gefüllten Zuckerwasserschälchen, sie trinken sich voll, tanzen daheim und holen rasch Verstärkung herbei. Aber bald sind ihrer so viele, daß sie den Honig rascher davontragen, als er von den Blütenkelchen neu gebildet wird. Aus dem Überfluß wird spärliche Tracht, das Sammeln geht weiter, die Tänze hören auf, und die Sammlerschar erhält keinen neuen Zuwachs aus dem Heimatstock.

So reguliert sich in einfachster Weise die Größe des Aufgebotes von sammelnden Bienen nach der Ergiebigkeit der Trachtquelle. Wäre dies nicht der Fall, würden die Tänze weiter dauern, dann würden unnötig viele Kräfte herangeholt, die vielleicht anderwärts besser am Platze sind.

Wenn eine Pflanzenart im Erblühen begriffen ist und eben von den ersten Bienen entdeckt wird, oder frühmorgens, wenn sich nach nächtlicher Ruhe die ersten Sammlerinnen hinausbegeben und die Kelche gefüllt finden, dann ist die Zeit des Tanzens für die blütenbesuchenden Bienen. Aber bald hält sich Bienenaufgebot und Honigangebot die Wage. Nun haben wir „spärliche Tracht", meist für den ganzen Rest des Tages, und suchen im Stock vergeblich nach tanzenden Bienen, wenn wir nicht den Segen des gefüllten Zuckerwasserschälchens fließen lassen.

### *Warum tanzende Bienen, die von Blumen kommen, ihre Kameraden nicht an die Zuckerschälchen schicken.*

Die tanzenden Bienen alarmieren ihre Stockgenossen und senden sie nach allen Seiten auf die Suche; sie suchen scheinbar planlos die Gegend ab, und haben doch ein bestimmtes Ziel im Sinn; das wird überraschend deutlich durch folgenden Versuch:

Wir stellen auf unserem Futterplatz statt des gefüllten Zuckerwasserschälchens einen kleinen Blumenstrauß auf, z. B. Alpenveilchen. Um beliebige Blumen verwenden zu können und um uns davon unabhängig zu machen, ob sie gerade viel oder wenig Honig absondern, geben wir in jede Blüte einen Tropfen Zuckerwasser, das wir in dem Maße ersetzen, wie es die Bienen davontragen. Damit diese nur in den Blumen Nahrung finden und nicht etwa herunterfallende Tropfen vom Tisch aufsammeln können, stellen wir die Blumenvase in eine größere Schüssel mit Wasser (Abb. 57). Die gezeichneten Bienen finden also an Alpenveilchen reiche Tracht und tanzen auf den Waben.

Abb. 57. Eine Bienenschar wird auf den Blüten von Alpenveilchen mit Zuckerwasser gefüttert; abtropfendes Zuckerwasser fällt in die Wasserschüssel.

Abseits, an einer beliebigen Stelle, setzen wir ins Gras eine Schale mit Alpenveilchen, die nicht mit Zuckerwasser beschickt sind, und daneben eine Schale mit anderen Blumen, z. B. mit Phlox (Abb. 58). Der Alarm wirkt, und bald sieht man allerorten Bienen suchend über die Wiese schwärmen. Sie kommen auch an unsere Blumenschalen, sie fliegen an die Alpenveilchen und wühlen in den Blüten mit einer Ausdauer herum, als wären sie fest davon überzeugt, hier müsse etwas zu finden sein. Aber an der Schale mit den Phloxblüten fliegen sie gänzlich uninteressiert vorüber.

Jetzt entfernen wir am Futterplatz die Alpenveilchen und ersetzen sie durch Phloxblüten, die in gleicher Weise mit Zuckerwasser reich versehen sind. Es sammeln dieselben Bienen wie bisher, aber sie sammeln nicht mehr an Alpenveilchen, sondern an Phloxblüten (Abb. 59). Auf dem Wiesenplatz bleibt alles stehen wie es war. Und schon nach wenigen Minuten ändert sich dort das Bild. Das Interesse an den Alpenveilchen läßt nach, die neu herankommenden Bienen

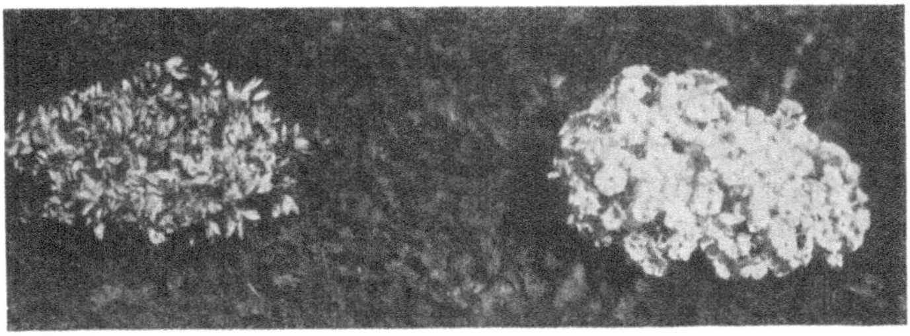

Abb. 58. Während die Bienen am Futterplatz auf Alpenveilchen gefüttert werden (Abb. 57), befliegen die suchend ausschwärmenden Neulinge am weit abliegenden Beobachtungsplatze die Schale mit den Alpenveilchen, die Phloxblüten aber beachten sie nicht. Weder die Alpenveilchen- noch die Phloxblüten sind hier mit Zuckerwasser versehen und enthalten auch keinen den Bienen zugänglichen Nektar.

befliegen die Phloxblüten, ja, überall in den benachbarten Gärten, wo Phloxstauden zu finden sind, sehen wir die Bienen emsig an den Blüten sich bemühen — ein kurioser Anblick für jeden, der weiß, daß die tiefen Blumenröhren dieser Blüten nur dem langen Rüssel der Schmetterlinge zugänglich sind, und daß die Bienen den tief geborgenen Nektar hier gar nicht erreichen können und daher unter normalen Umständen auch niemals an Phlox gesehen werden. Es ist ganz offenkundig, daß die suchenden Bienen wissen, wonach sie zu suchen haben, und daß die Tänzerinnen daheim verkündet haben, welche Blumensorte die Spenderin der reichen Tracht ist!

Abb. 59. Fütterung der Bienenschar auf Phloxblüten.

Der Versuch gelingt stets mit demselben Erfolg, ob wir an Alpenveilchen oder Phlox, an Enzian oder Wicken, Distelblüten oder Hahnenfuß, Bohnen oder Immortellen das Futter bieten. Die Zweckmäßigkeit leuchtet ein, sobald wir uns die natürlichen Verhältnisse vorstellen. Wenn eine neu erblühte Pflanzenart von suchenden Bienen entdeckt wird, so verkünden diese den Fund durch ihre Tänze im Stock; darauf fliegen die alarmierten Stockgenossen zielsicher *jene* Blütenart an, die durch reiche Honigabsonderung die Tänze veranlaßt hat, anstatt ihre Zeit mit unnützem Herumsuchen an Blumen zu verlieren, die nichts zu bieten haben. Aber wie ist das zu erklären? Unmöglich können wir glauben, daß die Bienensprache für jede Blumenart ihren Ausdruck hat.

Und doch ist es so, nur ist der Ausdruck kein „Wort", wie wir es verstehen. Eine Blumensprache enthüllt sich hier, im wahren Sinne, unglaublich einfach, zweckmäßig und reizvoll. Während die Sammlerin den süßen Saft aus den Blumen saugt, bleibt etwas von dem Blütenduft an ihrem Körper haften. Sie duftet noch nach diesen Blumen, wenn sie nach der Heimkehr tanzt. Die Kameraden, die hinter ihr hertrippeln und sie dabei so interessiert mit ihren Fühlern (den Geruchswerkzeugen) untersuchen, nehmen diesen Duft wahr, prägen ihn dem Gedächtnis ein und nach diesem Duft suchen sie, wenn sie daraufhin durch die Gegend schwärmen.

Ist dies richtig, so kann der Versuch nur mit *duftenden* Blumen gelingen. So ist es auch:

Es ist nicht so einfach, wie man vielleicht denkt, Blumen zu finden, die völlig geruchlos sind. Aber es gibt solche, z. B. manche Schwertlilienblüten. Füttern wir an solchen, dann versagt die Blumensprache der Bienen, und ein noch so auffallender Strauß, an anderem Ort ins Gras gesetzt, bleibt ohne Gäste.

Wenn jemand noch daran zweifelt, daß der Duft das Verständigungsmittel sei, dann müßte ihn folgendes Experiment überzeugen: Wir füttern die sammelnde Schar aus einem Zuckerwasserschälchen auf einer Unterlage, der wir durch einige Tropfen Pfefferminzöl einen bestimmten Duft verleihen. Abseits im Grase stellen wir mehrere Schälchen mit

Futter hin, jedes auf einer anders duftenden Unterlage, und eines davon mit Pfefferminzduft. Nur dieses lockt die ausschwärmenden Neulinge an, bei den anders duftenden Schälchen fliegen sie achtlos vorüber. Sie suchen nach dem Duft, der den Tänzerinnen anhaftet. Wir brauchen nur den Riechstoff am Futterplatz zu wechseln, und mit der Duftparole ändert sich stets in entsprechender Weise das Ziel der suchenden Bienen.

Bei der ursprünglichen Anordnung aber, von der wir ausgegangen sind, bei der Fütterung an einem duftlosen Schälchen, vermißt die Gefolgschaft der Tänzerinnen an diesen einen spezifischen Duft. Auch jetzt ziehen sie nicht ohne jeden Anhaltspunkt in die Welt hinaus: sie wissen, daß alle die duftenden Blumen, denen sie auf ihrer Streife nahekommen, nicht die gesuchten sind und verlieren an ihnen keine Zeit. Sie suchen den verkündeten Honig an Stellen, wo kein Blumenduft zu spüren ist; sie sind es, die an unsere Schälchen im Grase kommen.

*Ein Kontrollversuch mit unerwartetem Ausgang.*

Wer da meint, es sei nun alles klar und wir durchschauen schon die „Sprache" der Bienen, befindet sich im Irrtum. Wir machen eine Probe.

Bisher war stets nur von *einem* Futterplatze die Rede. Wir können die Bienen unseres Beobachtungsstockes auch gleichzeitig an zwei Plätzen füttern, und zwar richten wir es so ein, daß rechts und links vom Stocke je eine Schar von gezeichneten Bienen sammelt. Die einen verkehren nur am Platz A und kennen nur diesen, die anderen fliegen zum Platz B und wissen nur von ihm (Abb. 60). Nun bieten wir bei A ein gefülltes Zuckerwasserschälchen, also „reiche Tracht", bei B nur Fließpapier, das mit Zuckerwasser getränkt ist, also „spärliche Tracht".

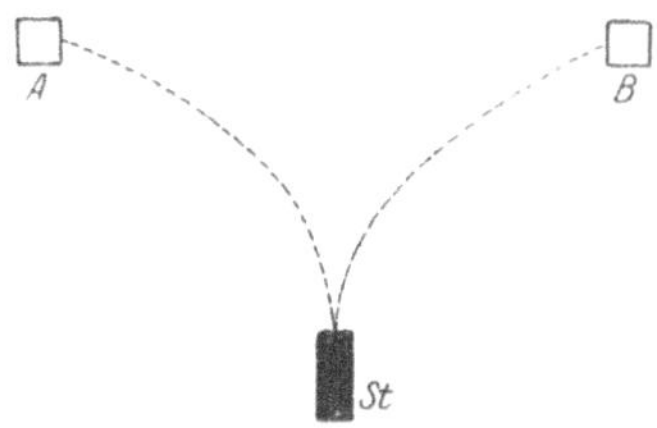

Abb. 60. *St* Bienenstock. *A* und *B* zwei Futterplätze. (Nähere Erklärung im Text.)

Die Schar A tanzt im Stock, die Schar B sammelt auch, aber sie tanzt nicht. Was ist zu erwarten?

Die tanzenden Bienen werden ihre Kameraden nach allen Seiten auf die Suche schicken. Einen Duft haben wir weder hier noch dort beigegeben, die Neulinge suchen nach duftlosem Ziel. Auf ihrer Streife können sie sich ebensogut dem Platz B wie dem Platz A nähern, hier wie dort sehen sie sammelnde Bienen und werden sich ihnen zugesellen. An beiden Plätzen sollten sich also Neulinge in etwa gleicher Zahl einstellen. In Wirklichkeit aber kommen zum Futterplatz A in der gleichen Zeit angenähert zehnmal soviel neue Bienen wie zum Futterplatz B mit seinem spärlichen Futter. Das ist wiederum sehr zweckmäßig. Aber es muß uns noch ein „Wort" der Bienensprache verborgen sein. Denn woran sollten die Bienen, die sich dem spärlichen Futterplatz nähern, erkennen, daß sich anderwärts der Zuflug besser lohnt?

Aufmerksame Beobachtung an beiden Plätzen offenbart uns das Wort, das uns noch fehlte. Wieder ein Duftwort, aber nicht von Blumen übertragen, sondern von den Bienen selbst erzeugt. Jede Arbeitsbiene trägt ein kleines „Duftfläschchen" stets gebrauchsfertig bei sich. Auf ihrem Rücken, nahe der Hinterleibsspitze, findet man eine Hautfalte, die für gewöhnlich nach innen eingeschlagen und daher unsichtbar ist, die aber willkürlich als ein feuchtglänzender Wulst vorgestülpt werden kann. Dann kann ein Riechstoff, der von besonderen Drüsen in dieses Täschchen abgeschieden wird, frei nach außen treten und sich verbreiten. Auch für die menschliche Nase ist der melissenartige Geruch deutlich bemerkbar. Für die Bienennase, die auf diesen Eigenduft besonders eingestellt sein muß, ist er — das kann man durch Experimente beweisen — ungemein intensiv und weithin erkennbar.

Die Bienen, die zum reichgefüllten Futterschälchen angeflogen kommen, stülpen nun ihr Duftorgan aus, sie umschwärmen das Schälchen eine Weile, bevor sie sich setzen, und schwängern so die Luft mit diesem Geruch, sie lassen oft auch noch beim Saugen den duftenden Wulst vortreten (Abb. 61) und locken so die herumsuchenden Bienen aus einem beträchtlichen Umkreis an die Stelle, wo sich das Einheimsen lohnt. Die Tiere aber, die bei spärlicher Tracht sammeln, halten den Duft im eingefalteten Täschchen verschlossen.

Daß der zehnfach überwiegende Anflug von Neulingen an der reichen Trachtquelle wirklich nur auf diesen Lockduft der Sammlerinnen zurückzuführen ist, läßt sich beweisen: wir füttern wieder an beiden Plätzen A und B, und bieten diesmal an beiden Plätzen reiche Tracht, gefüllte Schälchen.

Abb. 61. Drei Bienen am Futterschälchen; das linke sitzende Tier stülpt das Duftorgan aus, welches als schmaler, glänzender Wulst knapp über der Hinterleibsspitze (unter dem weißen ×) erkennbar ist. Die rechts sitzende Biene hat das Duftorgan eingezogen.

Aber den Bienen bei B ziehen wir mit einem feinen Pinsel eine zarte Schellackkappe über die Stelle, wo das Duftorgan sitzt, so daß sie es nicht mehr ausstülpen können. Das stört sie an sich nicht im mindesten, sie merken es wohl gar nicht und benehmen sich genau so, wie die Schar A, nur daß sie eben nicht duften können. Und obwohl nun beide Scharen auf den Waben ihre Tänze aufführen, obwohl an beiden Plätzen ein gefülltes Schälchen winkt und die eifrigen Sammlerinnen gleich rege ab und zu fliegen, erhält der Futterplatz A, wo die Duftorgane in Tätigkeit sind, den zehnfachen Zuwachs an Neulingen wie der Futterplatz B, wo wir die Duftorgane der Bienen außer Betrieb gesetzt haben.

Die gleiche Rolle, wie hier an den Glasschälchen, spielt das Duftorgan beim natürlichen Blumenbesuch.

Nun endlich können wir die Verständigungsweise der Bienen in ihrer einfachen Vollkommenheit übersehen:

Wenn eine Pflanzenart in Blüte tritt, sammelt sich in ihren Blumen reichlich Nektar an, solange sie noch nicht entdeckt sind und nicht geplündert werden. Ständig sind einzelne Bienen unterwegs, die auf die Suche nach neuen Trachtquellen auszugehen haben. Findet eine solche Kundschafterin den neu gedeckten Tisch, dann trinkt sie sich voll, fliegt heim und verkündet durch ihren Tanz die reiche Tracht und zugleich durch den ihr anhaftenden Blumenduft das Ziel, nach dem die Kameraden zu suchen haben. Diese schwärmen darauf nach allen Seiten aus — und das ist gut, denn die Pflanzenart, die an irgendeiner Stelle zufällig durch jene Kundschafterin entdeckt worden ist, wird um die gleiche Zeit auch anderen Ortes ihre Blütenkelche öffnen; es wäre unzweckmäßig, wenn sie vom Stock aus nur in *einer* Richtung gesucht würde. Wer von den suchenden Bienen aber in eine Gegend kommt, wo schon ergiebig gesammelt wird, erhält durch den intensiven Lockduft der Sammlerinnen noch einen besonderen Wink, wohin er sich zu wenden hat, und spart so Zeit und mühsames Suchen. Ist dann die Schar so groß geworden, daß der abgesonderte Honig leicht bewältigt wird und nicht mehr im Überfluß vorhanden ist, dann finden die Tänze ihr Ende und die Sammlerschar, genügend an Zahl, erhält keine weitere Verstärkung.

### *Der „Schwänzeltanz" der Pollensammler.*

Was wir bisher von der „Sprache" der Bienen kennengelernt haben, bezog sich nur auf die Nektartracht. Neben dem Honig wird als zweites unentbehrliches Nahrungsmittel *Blütenstaub* vom Bienenvolke gesammelt. Daß sich auch die Pollensammler untereinander über ergiebige Fundplätze verständigen, ist von vornherein wahrscheinlich. Daß auch sie tanzen, davon überzeugt uns ein Blick in den Beobachtungsstock an jedem sonnigen Frühlingstag. Die Bienen, die von ergiebiger Pollentracht heimkommen, sind ja leicht kenntlich an den dicken Höschen, die sie an den Hinterbeinen tragen (vgl. Abb. 15 auf S. 17). Und solche Pollensammler sieht man

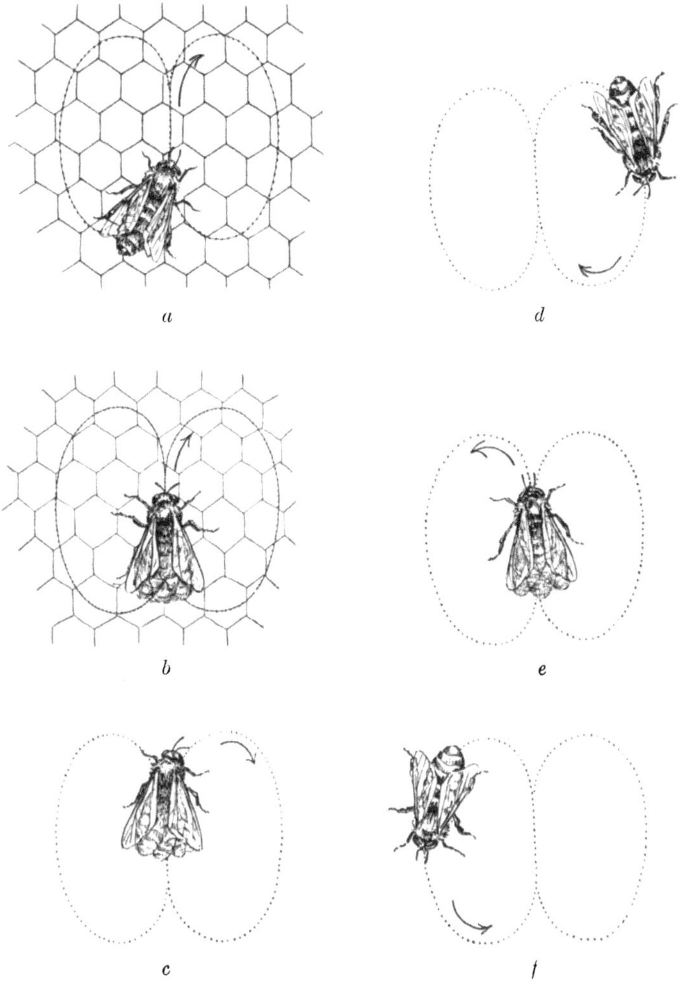


Abb. 62. „Schwänzeltanz“ einer Pollensammlerin auf der Wabe; *a b c d e f* sechs aufeinanderfolgende Stadien des Tanzes; in *a* und *b* sind die Wabenzellen angedeutet.

auf den Waben mit einer erstaunlichen Ausdauer sich im Kreise drehen. Sie laufen aber keine vollen Kreise aus, und ihr Tanz ist anders als der der Nektarsammler.

Die Biene rennt einen engen Halbkreis, macht dann eine scharfe Wendung und läuft in gerader Linie zum Ausgangspunkt zurück, beschreibt nun einen zweiten Halbkreis nach der anderen Seite, der den ersten zum vollen Kreisbogen schließt, geht wieder in gerader Linie zum Ausgangspunkt zurück und so geht es minutenlang am selben Fleck fort, Halbkreis links herum, geradeaus zurück, Halbkreis rechts herum, geradeaus zurück, Halbkreis links herum usw. Was aber diesen Tanz der Pollensammler am auffälligsten vom Rundtanz der Nektarsammler unterscheidet, ist eine rasche Schwänzelbewegung mit dem Hinterleibe, die stets während des geradlinigen Zurücklaufens vom Ende eines Halbbogens zum Ausgangspunkt ausgeführt wird (Abb. 62).

Eine Reihe von Fragen drängen sich auf; sie kommen leicht, aber die Antwort kommt schwer. Denn die Schwänzeltänze sind zwar leicht zu sehen, aber mit den Schwänzeltänzerinnen ist schwer zu experimentieren. Wir können den Nektar der Blumen im Experiment durch Zuckerwasser ersetzen und nichts ist leichter, wie einen künstlichen Futterplatz für Nektarsammler einzurichten; aber wir haben kein vollwertiges Surrogat für Blütenstaub. Wir müssen pollenführende Blumen bieten. Die Bienen lassen sich aber schwer an unseren künstlichen Pollenfutterplatz ziehen, wo ihnen die Welt offen steht und allenthalben so reichlich Pollen spendet, wie es im Frühjahr der Fall ist; läßt aber später die Pollentracht nach, so ist uns auch nicht geholfen, denn wir sind bei diesem Futter auf die Blumen angewiesen und können den Versuchstisch nicht reicher mit Pollen decken, als die Natur ihn bietet.

Doch es gibt ein Auskunftsmittel, und es hat sich bewährt: wir wandern mit dem Bienenstock im Frühling in ein großes Gewächshaus, wie sie in den botanischen Gärten zu finden sind, und lassen die Bienen im Glashaus fliegen, wo es keine andere Tracht für sie gibt, als die wir ihnen mit Absicht bieten. Hier können wir die Pollensammler nach Wunsch befragen nach ihrer Art und Weise. Was davon den Leser interessieren dürfte, ist etwa folgendes:

Genau wie die Nektarsammler tanzen auch die Pollensammler nur bei reicher Tracht. An Blumen, die spärlich Pollen bieten, an denen das Höseln nur langsam und mühsam vonstatten geht, weil sie zu wenig Blütenstaub haben, wird auch gesammelt, aber nach der Heimkehr unterbleibt der Tanz.

Genau so, wie der Rundtanz der Nektarsammler, wirkt auch der Schwänzeltanz der Pollensammler auf die Umgebung alarmierend und ruft Verstärkung auf den Plan. Auch hier schwärmen die Neulinge nach allen Seiten aus, und suchen doch mit bestimmtem Ziel. Sie fliegen mit Sicherheit die Blumensorte an, von der die Tänzerin den Pollen gesammelt hat. Auch das Duftorgan tritt im selben Sinne wie bei den Nektarsammlern in Tätigkeit.

Aber ein kleiner Unterschied besteht doch. Er betrifft die Art, wie die pollenspendende Blumensorte im Stock verkündet wird. Bei den Nektarsammlern erfolgt die Verständigung hierüber durch den am Körper haftenden Blütenduft. Die Pollensammler kommen meist mit den Blumenblättern, die ja hauptsächlich den Duft der Blumen aushauchen, nicht oder nur flüchtig in Berührung. Aber sie tragen im Blütenstaub einen Bestandteil der beflogenen Blumen mit nach Hause. Der Blütenstaub hat seinen spezifischen Duft, deutlich verschieden vom Duft der Blumenblätter, und auch wieder verschieden bei jeder Blütensorte. Es wäre denkbar, daß hier die Pollenhöschen die duftenden Boten sind.

Daß dies so ist, wird schon wahrscheinlich aus dem Benehmen der Stockgenossen, die der Pollensammlerin bei ihrem Tanz Gefolgschaft leisten. Sie haben es mit ihren Fühlern hauptsächlich auf die Höschen abgesehen. Hat die Sammlerin die Höschen in eine Pollenzelle abgestreift, so wiederholt sie bisweilen noch einmal ihren Tanz, und dann beschnuppern die Kameraden die Hinterbeine, wo die Höschen gesessen hatten.

Die Vermutung wird zur Gewißheit durch folgenden Versuch:

Wir richten für die Pollensammler unseres Stockes zwei Futterplätze ein; am einen Platz (*R.*, Abb. 63) sammelt eine gezeichnete Schar an wilden Rosen, am anderen Platz (*G.*) sammelt eine zweite Schar an großen Glockenblumen Blütenstaub. Entfernen wir an beiden Plätzen die Blumen und lassen eine Futterpause eintreten, so bleiben die Sammlerinnen, nachdem sie eine Weile vergeblich gesucht haben, daheim im Stock und nur ab und zu kommt eine von ihnen als Kundschafterin heraus, um zu sehen, ob es wieder etwas gibt. Stellen wir am Glockenblumenplatz frische Glockenblumen auf, so macht sich eine solche Kundschafterin sogleich ans Höseln, fliegt heim und tanzt. Als erste reagieren auf solchen Tanz nach einer Futterpause die Kameraden, die schon vorher an den Glockenblumen gesammelt haben, denn ihnen ist der Duft schon vertraut; sie eilen sofort zu neuer Tätigkeit an den gewohnten Platz, zu den Glockenblumen, wo sich bei andauernden Tänzen dann bald auch Neulinge einstellen. Aber die Rosensammler bleiben im Stock, sie wissen, daß sie der Glockenblumenduft nichts angeht.

Abb. 63. *St* Bienenstock. *R* Futterplatz mit Rosen. *G* Futterplatz mit Glockenblumen. (Nähere Erklärung im Text.)

Daraus ist noch nicht zu entnehmen, ob der Duft der Blumenblätter oder der Pollenduft maßgebend ist. Aber nun machen wir den Versuch anders. Wir schalten wieder an beiden Futterplätzen eine Pause ein, dann stellen wir am Glockenblumenplatz Glockenblumen auf, deren Staubgefäße wir entfernt und durch die Staubgefäße von Rosen ersetzt haben (Abb. 64 *b*). Eine Kundschafterin kommt, findet am gewohnten Platz die gewohnten Glockenblumen, schlüpft in die Blüten und höselt. Eine Biene der Glockenblumenschar höselt am Glockenblumenplatz in Glockenblumen Blütenstaub von *Rosen*. Sie fliegt nach Hause, tanzt — und all die Kameraden, die seit Stunden und Tagen an den gleichen Glockenblumen mit ihr gesammelt haben, nehmen nicht die geringste Notiz von ihrem lebhaften Geschwänzel; dagegen die Rosensammler, ihr persönlich fremd, eilen auf sie los, beriechen ihre Höschen und stürzen zum Flugloch hinaus, an

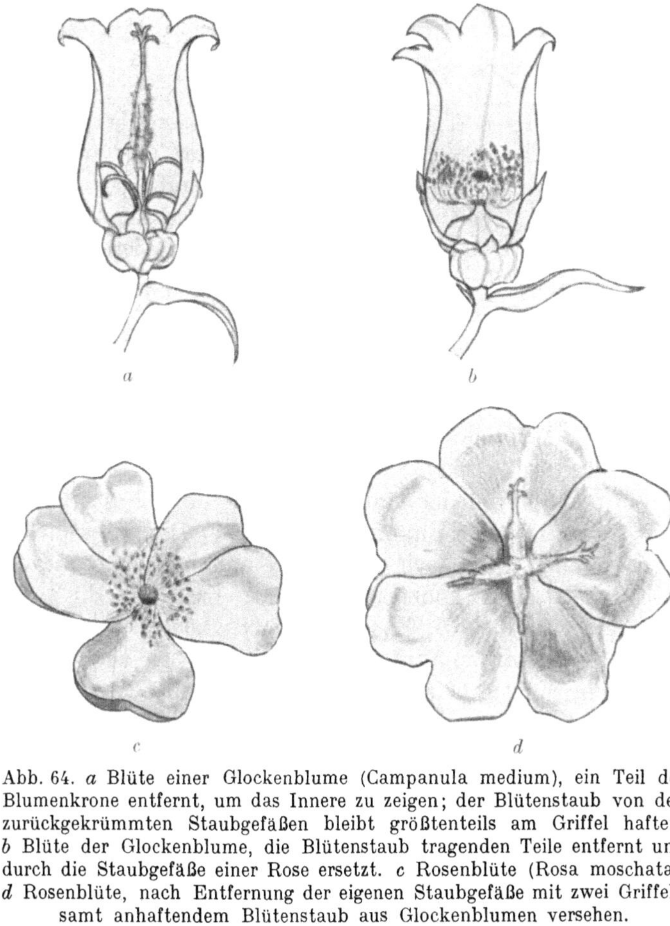

Abb. 64. *a* Blüte einer Glockenblume (Campanula medium), ein Teil der Blumenkrone entfernt, um das Innere zu zeigen; der Blütenstaub von den zurückgekrümmten Staubgefäßen bleibt größtenteils am Griffel haften. *b* Blüte der Glockenblume, die Blütenstaub tragenden Teile entfernt und durch die Staubgefäße einer Rose ersetzt. *c* Rosenblüte (Rosa moschata). *d* Rosenblüte, nach Entfernung der eigenen Staubgefäße mit zwei Griffeln samt anhaftendem Blütenstaub aus Glockenblumen versehen.

den Rosenplatz, wo sie zu sammeln gewohnt waren und wo sie jetzt vergeblich nach Blüten suchen. Die Bienen haben sich narren lassen, wir aber wissen, daß nicht der Duft der Glockenblumen, in die die Sammlerin hineingekrochen ist, sondern der Duft des mitgebrachten Blütenstaubes, der von den Rosen stammte, entscheidend war.

Die Umkehrung des Versuches hat den entsprechenden Erfolg. Eine Kundschafterin, die in Rosen Pollen von Glockenblumen sammelt, alarmiert durch ihre Tänze die Glockensammler (vgl. Abb. 64 *d*).

Nach all diesen Experimenten ist aber eine Frage noch offen: sind „Rundtanz“ und „Schwänzeltanz“ als zwei verschiedene Ausdrücke der Bienensprache aufzufassen, von denen der eine bedeutet: „es gibt reiche Nektartracht“, der andere: „es gibt reiche Pollentracht“, und in diesem Sinne von den Kameraden verstanden wird? Oder ist die verschiedene Form des Tanzes nebensächlich, bewirkt nur die rasche Bewegung an sich den Alarm und ist der Duft allein maßgebend für das Ziel, das beflogen wird? Entgegen der natürlichen Erwartung trifft das letztere zu. Nur einer der Versuche, die zur Lösung dieser etwas schwierigen Frage führen, sei angedeutet.

Wir eröffnen wieder einen Futterplatz mit Rosenpollen. Dann lassen wir eine Futterpause eintreten. Die gezeichneten Rosensammler sitzen nach einer Weile untätig im Stock. Nun lassen wir an einem anderen Futterplatz eine Biene, die nicht zur Rosenschar gehört, Zuckerwasser trinken. Während sie saugt, kleben wir an ihre Hinterbeine Höschen aus Rosenpollen, die wir vorher einer Rosenpollensammlerin abgenommen haben. Vollgesogen fliegt sie heim und führt einen typischen Rundtanz auf, keinen Schwänzeltanz wie die Pollensammler, aber sie trägt den duftenden Rosenpollen an ihren Beinen und *alarmiert die Pollensammler,* die prompt an die Rosen fliegen.

Es geht daraus hervor, daß nur die lebhafte Bewegung der Tänzerin, in Verbindung mit dem Pollenduft, das Wesentliche ist und die *Form* des Tanzes, ob Rundtanz oder Schwänzeltanz, keine ausschlaggebende Bedeutung hat. Der biologische Sinn des Schwänzelns scheint nur darin zu liegen, daß die Höschen beim Tanz den nachtrippelnden Bienen dadurch eindringlich gegen ihre Riechwerkzeuge, die Fühler, geschleudert werden und daß der Duft, der von den Pollenklumpen ausgeht, im Stock möglichst verbreitet wird.

Unser Lexikon der „Bienensprache“ ist hier zu Ende. Es ist nicht wahrscheinlich, daß es künftige Forschung noch sehr bereichern wird, soweit es sich um die Verständigung über aufgefundenes Futter handelt. Aber die Tätigkeit des Bienenvolkes erschöpft sich nicht im Futtersammeln. Wenn wir daran denken, wie vieles sonst noch planmäßig und in trefflicher Zusammenarbeit vor sich geht, das Bauen, das Anlegen von Drohnen- und Weiselzellen, das Schwärmen, der Einzug des Schwarmes in seine neue Wohnung usw., so werden wir bescheiden zugeben müssen, daß hier in Zukunft noch mancher Schleier zu lüften bleibt.

## 12. Das Orientierungsvermögen.

Reisende berichten von einem erstaunlichen Orientierungsvermögen bei Völkern, deren natürliche Instinkte noch nicht unter der Zivilisation gelitten haben. Allbekannt ist, wie sehr viele Tiere dem Kulturmenschen in dieser Fähigkeit überlegen sind. So hat man bei Hunden und Pferden oder bei den Zugvögeln oft Gelegenheit, sich über die Sicherheit zu wundern, mit der sie unter schwierigen Umständen von einem entfernten Ort nach Hause finden. Die Gabe erscheint so rätselhaft, daß man von einem besonderen „Orientierungssinn“ gesprochen und etwas Mystisches dahinter vermutet hat. Aber die dunkle Kraft, die den Tieren den Weg nach Hause weist, löst sich bei nüchterner Untersuchung in eine Kette von Orientierungsvorgängen auf, die auf nichts anderem beruhen, als auf hervorragenden Leistungen der tierischen Sinnesorgane. So ist es auch bei den Bienen.

Wir stehen vor einem großen Bienenhaus. Zwanzig Völker sind nebeneinander untergebracht, ein Stock sieht aus wie der andere. Tausende von Arbeitsbienen fliegen auf Tracht aus, pfeilschnell sausen sie davon, und die Heimkehrenden sieht man zielsicher und ohne Zaudern auf ihren Mutterstock zufliegen und im Flugspalt verschwinden. Wir fangen eine Biene ab, die eben nach Hause will, zeichnen sie durch einen Farbfleck, sperren sie in ein kleines Kästchen, wandern mit ihr eine halbe Stunde weit vom Bienenhaus weg und lassen sie fliegen. Ein Beobachter bleibt bei den Stöcken zurück — und berichtet uns, daß die gezeichnete Biene in ihren Stock geflogen ist, wenige Minuten, nachdem wir ihr die Freiheit wiedergegeben haben.

Man ist versucht, an eine magnetische Kraft zu denken, die über kilometerweite Strecken die Bienen so sicher in ihren Heimatstock leitet. Aber wenn wir genauer zusehen, erscheint der Vorgang nicht mehr so wunderbar.

Eine junge Biene, die noch als Brutamme Dienst macht und den Stock noch nie verlassen hat, findet, ins Freie gebracht, nicht heim, auch wenn man sie in nächster Nähe des Stockes fliegen läßt. Sie muß erst die Umgebung kennengelernt haben. Dies geschieht, wenn sie um ihren 10. Lebenstag (vgl. S. 45) die ersten Ausflüge macht, und diese tragen deutlich den Charakter von Orientierungsausflügen. Da ist keine Rede von einem pfeilschnellen Abflug und zielsicherer Rückkehr, sondern vorsichtig schwebt sie vor dem Bienenhaus auf und ab, hin und her, den Kopf dem Heimatstocke zugewendet, ähnlich wie wir uns in einer fremden Stadt unser Unterkunftshaus gut ansehen, um wieder zurückzufinden. Die nächsten Ausflüge führen schon in etwas größere Entfernung. Fängt man solche Bienen ab und läßt sie von verschiedenen Orten fliegen, so finden sie aus der Nachbarschaft des Bienenhauses heim, nicht aber aus größerem Abstand. Bald werden aber die Flüge weiter ausgedehnt und erstrecken sich allmählich auf den ganzen Flugbereich des Volkes, der selten weiter als 3—4 km reicht. An entlegenere Punkte versetzt, finden auch die alten Trachtbienen nicht nach Hause. Es handelt sich also nicht um eine angeborene Gabe, sondern die Orientierung über die Lage des Heimatstockes wird Schritt für Schritt erlernt, und es ist außerordentlich wahrscheinlich, daß die Bienen dabei, ähnlich wie wir im Gelände, auffallende Richtpunkte, wie Baumgruppen,

Häuser und dergleichen, als optische Orientierungsmarken verwenden.

Auch noch ein anderer Umstand paßt allzugut zu unseren eigenen menschlichen Erfahrungen über die Orientierungsgabe, als daß wir eine geheimnisvolle Kraft annehmen müßten, die die Bienen nach Hause leitet: sie verirren sich sehr häufig! Wie oft es vorkommen mag, daß Bienen, die noch mangelhaft orientiert sind, ihr Bienenhaus überhaupt nicht wiederfinden und draußen zugrunde gehen, das wissen wir nicht. Aber, daß sie an einem großen Bienenhaus, dessen Stöcke ähnlich aussehen, sehr oft in einen falschen Stock fliegen, das wissen wir bestimmt. Es gibt ein einfaches Mittel, um sich davon zu überzeugen. Wir öffnen einen Stock und zeichnen einige hundert Insassen durch weiße Farbtupfen. Nach wenigen Tagen sieht man viele weißgezeichnete Tiere auch in den Nachbarstöcken und sogar noch bei recht abseitsliegenden Völkern des Bienenhauses aus und ein fliegen.

Manchen Imkern ist das bekannt, und keineswegs erwünscht. Denn nicht immer lassen die Wächter fremde Bienen, die sie am Geruch als solche erkennen, unbehelligt einziehen. Oft kommt es am Flugloch zur Beißerei und Stecherei, es gibt tote Bienen, und es gibt zum mindesten verlorene Zeit, die der Imker lieber auf Honigsammeln verwendet sehen möchte. Ganz schlimm ist es aber, wenn eine Königin bei der Rückkehr vom Hochzeitsfluge den eigenen Stock mit einem fremden verwechselt. Es ist ihr sicherer Tod, und ihr ganzes Volk ist dem Untergang verfallen, wenn es nicht gelingt, rasch eine Ersatzkönigin zu schaffen.

Es ist darum ein alter Brauch vieler Bienenzüchter, die Vorderfront der Stöcke in verschiedenen Farben anzustreichen, so den Bienen das Wiedererkennen ihrer Wohnung zu erleichtern und einer Verwechslung mit den Nachbarstöcken vorzubeugen. Es sind allerdings die Meinungen geteilt, ob diese Maßregel einen praktischen Nutzen hat, und sie wird daher auch keineswegs allgemein angewendet. Heute wissen wir, daß ein Farbenanstrich der Bienenstöcke ein vortreffliches Mittel ist, um das Verfliegen der Bienen an fremde Stöcke zu verhindern. Wir wissen aber auch, warum dies so oft in Zweifel gezogen worden ist. Die Augen des Menschen haben die Farben ausgewählt, die für die Augen der Bienen bestimmt waren. Wenn der Bienenzüchter einen gelben, grünen und orangeroten Stock nebeneinander stellte, oder einen blauen neben einen purpurroten und violetten, oder einen roten neben einen schwarzen, dann konnte er freilich keinen Erfolg sehen, denn für die Bienen waren die Farben gleich (vgl. S. 54).

In welchem Maße bei zweckmäßiger Farbenwahl dieses Erkennungszeichen des Heimatstockes zur Orientierung verwertet wird, kann man nicht durch Nachdenken, sondern nur durch Versuche erfahren:

Ein großes Bienenhaus, dessen Stöcke alle das gleiche Aussehen haben, ist hierzu geeignet. An einer Stelle desselben sind nebeneinander einige leere Bienenwohnungen untergebracht. Die Vorderwand einer solchen behängen wir mit einem großen blauen Blechschild, und legen ein ebenso blaues Blech auf das Anflugbrettchen (Abb. 65a [mittlerer Bienenstock]). Den rechten Nachbarstock versehen wir in gleicher Weise mit gelben Verkleidungen, der linke Nachbarstock bleibt unverkleidet und zeigt den weißen Anstrich, mit dem alle Kästen dieses Bienenstandes ausgestattet sind. Dann geben wir in den blauen Stock ein Bienenvolk und warten einige Tage. Blau, Gelb und Weiß kann das Bienenauge gut unterscheiden. Benützen die ausfliegenden Bienen die gebotene blaue Farbe, um ihren Heimatstock zu erkennen, so kann man erwarten, daß sie sich durch Vertauschen der blauen und gelben Blechschilder in den falschen Stock verleiten lassen werden. Eine Vorsichtsmaßregel ist dabei zu beachten. Auf die blauen Blechschilder des bewohnten Stockes, besonders auf das kleine Blech des Anflugbrettchens, haben sich in diesen Tagen zahllose Bienen gesetzt, als sie den Stock verließen und als sie wiederkamen. Die Bleche haben daher einen Bienengeruch angenommen, der auch für die menschliche Nase deutlich wahrnehmbar ist. Würden wir die blauen Bleche an den rechten Nachbarstock, dessen gelbe Bleche an den bewohnten mittleren Stock geben, und würden nun die Bienen in den unbewohnten blauen Stock fliegen, so wüßten wir nicht, ob sie sich nach der blauen Farbe oder nach dem Geruch der Bleche orientieren. Das haben wir uns schon vorher überlegt, und wir haben darum die blauen Bleche auf

Abb. 65 a.

Abb. 65 b.
Nachweis, daß die Bienen die Farbe ihres Stockes zur Orientierung benutzen. a) der mittlere Stock ist bevölkert, die Nachbarstöcke sind leer. Der mittlere Stock ist mit blauen, der Stock rechts mit gelben Schablonen versehen. Um die Farben vertauschen zu können, ohne die Schablonen miteinander zu vertauschen und dadurch etwa einen anhaftenden Bienengeruch zu übertragen, sind die blauen Schablonen auf der Rückseite gelb, die gelben auf der Rückseite blau gestrichen. b) die Schablonen werden an ihren Plätzen umgedreht und dadurch die Farben vertauscht. Ein Teil der heimkehrenden Bienen fliegt an der leeren, jetzt blauen Bienenwohnung an.

der Rückseite gelb, die gelben auf der Rückseite blau gestrichen. Nun brauchen wir sie nicht auszutauschen, sondern wir drehen sie nur an ihren Plätzen um, dann wird der bewohnte Stock gelb, der Nachbarstock blau, ohne daß ein Duft übertragen werden kann (Abb. 65b). Die heimkehrenden Bienen fliegen daraufhin gegen die leere Bienenwohnung an, welche die blaue Farbe zeigt, viele gehen sogar durch den Flugspalt in den leeren Kasten hinein, andere stutzen vor dem Eingang, weil sie offenbar den Duft ihres Volkes vermissen und finden ziemlich rasch, vom Geruchsinn geleitet, in ihr nun gelb verkleidetes Heim.

Der Versuch befriedigt nicht recht. Wir sehen nur, daß die Farbe beachtet wird; doch manche Bienen scheinen ihr nicht ganz zu trauen.

Aber wer sagt denn, daß sich die Bienen bei ihren Orientierungsflügen nur die Farbe des *eigenen* Stockes ansehen? Wenn sie auch die Farbe der Nachbarstöcke beachten und sich einprägen, daß ihr Heimatstock blau ist und links von ihm ein weißer, rechts von ihm ein gelber Stock steht, dann müssen wir durch unseren Versuch eine Verwirrung anrichten, denn nun steht rechts vom blauen Stock ein weißer (auf der Photographie nicht mehr sichtbar), und links ein gelber. Die Bienen merken eine Veränderung und werden vielleicht dadurch erst veranlaßt, sich teilweise nach dem Geruchsinn zu orientieren. Wir müssen die Sache etwas anders machen:

Nachdem wir die alte Lage wieder hergestellt haben (Abb. 66a) wiederholen wir das Experiment in der Weise, daß wir die Bleche am bewohnten Stock umdrehen und so seine blaue Farbe in Gelb verwandeln, die Bleche des rechten Nachbarstockes aber abnehmen und umgedreht an den linken Nachbarstock hängen, der somit blau erscheint. Jetzt bleibt die Farbenfolge erhalten, es steht links vom blauen Stock ein weißer, rechts ein gelber, wie es die Bienen gewohnt sind. Der Erfolg ist verblüffend: Der ganze Schwall heimkehrender Bienen, der sich in der kurzen Zeit, die zum Umhängen der Bleche erforderlich war, vor dem Bienenhause angesammelt hat, zieht, ohne einen Augenblick zu zögern, in den falschen Stock ein, durch die blaue Farbe verführt, und so bleibt es auch in den folgenden Minuten (Abb. 66b); alle abfliegenden Bienen kommen aus dem gelben, alle heimkehrenden fliegen in den blauen Kasten.

Es geht daraus klar hervor, welch entscheidender Einfluß einem zweckentsprechenden farbigen Anstrich für die Orientierung am Bienenstande zukommt. Was der Versuch lehrt,

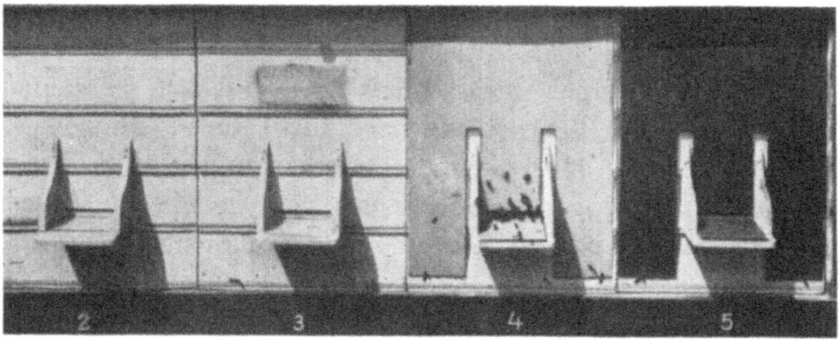


Abb. 66 a.

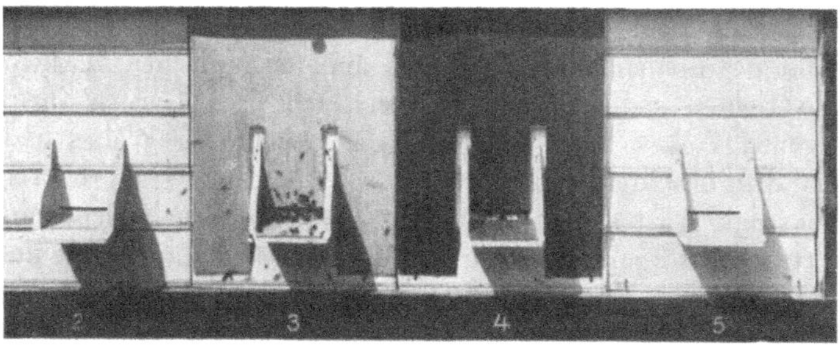


Abb. 66 b.
Die Bienen lassen sich vollzählig in einen falschen Stock locken, wenn die relative Lage des blauen Stockes (links von ihm ein weißer, rechts ein gelber Stock) gewahrt bleibt. a) Die normale Anordnung, an welche die Bienen gewohnt sind. b) Die Schablonen am bewohnten Stock (Nr. 4) wurden umgedreht (so daß er gelb erscheint), die Schablonen vom rechten Nachbarstock (Nr. 5) wurden entfernt und umgedreht (blau) am linken Nachbarstock Nr. 3 befestigt. Alle heimkehrenden Bienen ziehen in den unbewohnten, jetzt blauen Stock Nr. 3 ein.

bestätigt sich im großen. Streicht man auf einem Bienenstande die Kästen in solchen Farben, daß sie für das Bienenauge gut unterscheidbar sind, dann kommt es fast überhaupt nicht mehr vor, daß eine Biene sich verirrt. Zeichnet man wieder einige hundert Bewohner eines Stockes mit Farbtupfen, so sieht man sie Tage und Wochen hindurch ausschließlich an ihrem Heimatstock verkehren. Und entsprechend leicht fällt es auch der Königin, sich beim Hochzeitsflug und bei den vorangehenden Orientierungsflügen zurechtzufinden. Auf dem großen und mustergültigen Bienenstande des oberbayrischen Klosters St. Ottilien wird von den Patres seit 1920 über alle Königinnen gewissenhaft Buch geführt. 1920 und 1921 waren die Bienenstöcke noch nicht farbig gestrichen. In diesen beiden Jahren gingen von 21 jungen Königinnen 16 verloren. Nun wurden alle Bienenstöcke in zweckmäßiger, d. h. in einer dem Farbensinn der Bienen entsprechenden Weise mit Farbanstrichen versehen. In den seither verstrichenen fünf Jahren kamen von 42 Jungköniginnen nur mehr 3 zu Verlust.

Die Farbe ist aber nicht das einzige Orientierungsmerkmal für die Bienen. An nicht bemalten Bienenständen richten sie sich nach dem Abstand ihrer Wohnung von der nächsten Ecke des Bienenhauses oder nach anderen optischen Marken. Sie richten sich vor allem auch nach dem Geruch ihres eigenen Volkes. Wieweit hierbei der Geruch der Waben und der Brut beachtet wird, ist nicht genau bekannt. Von größerer Wichtigkeit ist sicher der Geruch, den die Arbeitsbienen in ihrem Duftorgan erzeugen und dessen Bedeutung für die Verständigung über den Ort einer reichen Trachtquelle wir schon kennengelernt haben (vgl. S. 96). Auch am Heimatstock machen die Bienen von diesem Duftorgan Gebrauch. Im Flugspalt und auf den Anflugbrettchen sieht man sie sitzen, den Kopf zum Flugloch gewandt, den Hinterleib aufwärtsgerichtet — so stülpen sie die Duftfalte aus und fächeln mit einer schwirrenden Flügelbewegung den ankommenden Bienen ihren Duft entgegen (Abb. 67). Der Imker sagt: Die Bienen „sterzeln". Sie sterzeln besonders zahlreich und lebhaft, sobald ein Markieren des Heimatstockes besonders wichtig ist: so an den ersten Flugtagen im zeitlichen Frühjahr, wenn die Erinnerungsbilder über die Lage des Stockes durch die lange Winterruhe verblaßt sind, oder wenn das Volk nach dem Schwärmen eine neue Wohnung bezieht, dessen Lage es sich erst einprägen muß.

Das Sterzeln kann aber den Bienen nur dann zum Auffinden des Heimatstockes nützlich sein, wenn das Duftorgan

Abb. 67. „Sterzelnde" Bienen: In der Umgebung des Flugloches sitzende Bienen markieren diese Stelle durch den Geruch ihres ausgestülpten Duftorganes. Durch Flügelfächeln erzeugen sie einen Luftstrom, der den heimkehrenden Stockgenossen den Kennduft des Volkes entgegenwirft (phot. Dr. Leuenberger).

verschiedener Völker, wenigstens für die Nase der Bienen, einen deutlich verschiedenen Geruch hat. Das ist tatsächlich der Fall. Am Stock läßt sich dies nicht prüfen, denn zum Geruch der Duftorgane mischen sich hier die unkontrollierbaren anderen Gerüche der Brut, der Waben, der Königin usw. Aber an einem künstlichen Futterplatz kann man den Geruch der Duftorgane isoliert auf seine spezifische Wirkung prüfen. Man lockt aus einem Bienenvolke, das mit *A* bezeichnet sei (Abb. 68), eine Schar Bienen an einen Futter-

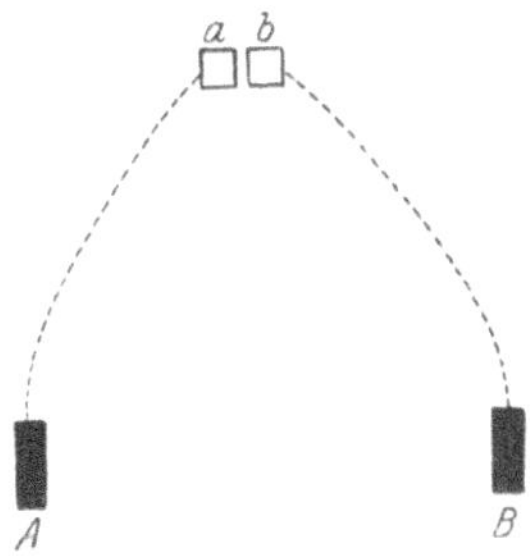


Abb. 68: *A* und *B* Bienenstöcke; *a* und *b* Futterplätze. (Nähere Erklärung im Text.)

platz *a* und füttert hier aus einem Glasschälchen Zuckerwasser; an einem zweiten unmittelbar benachbarten Futterplatz *b* wird eine Schar aus einem anderen Volk *B* gefüttert. Jede der beiden Bienengruppen tanzt in ihrem Heimatstock und schickt die Kameraden nach allen Seiten auf die Suche. Wir wissen, daß sie bei Annäherung an den Futterplatz durch das Duftorgan der sammelnden Genossen an die Trachtstelle gelockt werden (vgl. S. 97). Wäre der Geruch des Duftorganes bei beiden Völkern für die Bienen gleich, so würden an jedem der beiden Futterplätze Neulinge aus beiden Völkern in angenähert gleicher Zahl zuströmen. Tatsächlich aber erhält jede Schar Zuzug aus dem eigenen Volk in weit überwiegender Zahl. Also wird der volkseigene Duft vom volksfremden Duft unterschieden.

Soweit ist alles verständlich. Aber ein anderes Experiment läßt es fraglich erscheinen, ob die Orientierungsfähigkeit der Bienen mit diesen Leistungen des Gesichts- und Geruchsinnes erschöpft ist.

Ein Bienenstock wird einzeln für sich auf einer Wiese aufgestellt. Nachdem das Volk gut an den Platz gewöhnt ist, wird es um wenige Meter nach rückwärts verschoben. Man sollte denken, die Bienen müßten den auffallenden Stock auf der Rasenfläche weithin sehen und ihn trotz der kleinen Verschiebung zielsicher anfliegen, um so mehr, als auch der Duft des Volkes nun von dem neuen Standort ausgeht. Aber, so sonderbar es ist, der Anflug der heimkehrenden Bienen bleibt gegen die leere Rasenstelle gerichtet, wo ihr Heim bisher gestanden hat; hier stutzen sie, suchen herum und finden allmählich den verstellten Stock.

Die nächstliegende Erklärung wäre, daß die anfliegenden Bienen Orientierungsmarken im umgebenden Gelände gleichsam anpeilen und so die Richtung des Fluges festlegen. Um solche Anhaltspunkte auszuschalten, hat man den Versuch auf einer großen, wüsten ebenen Fläche wiederholt, wo weit und breit keine Orientierungspunkte zu sehen sind. Ein dorthin versetztes Bienenvolk läßt deutlich erkennen, wie sehr es die optischen Marken vermißt. Nur zögernd machen die Bienen ihre Orientierungsflüge, dicht am Boden sich haltend, sichtlich bemüht, auf der gleichmäßigen Fläche Anhaltspunkte zu finden. Nur schwierig gelingt es, eine Schar an einen Futterplatz in gewisser Entfernung vom Stock heranzuziehen, der als Ersatz für die fehlende Tracht errichtet ist. Aber es gelingt doch, und es entwickelt sich ein regelmäßiger Verkehr zwischen Bienenstock und Futterplatz. An jedem Morgen zwar beginnt ein neues, langwieriges Suchen nach der Futterstelle, aber ist der Verkehr einmal in Schwung, dann geht er mit bemerkenswerter Sicherheit vonstatten. Wie haben sich die Tiere in dieser Öde die Richtung gemerkt, in der der Futterplatz liegt, und wie finden sie wieder nach Hause? Haben sie einen Kompaß bei sich?

Ihr Kompaß ist der Sonnenstand. Vom Ausflug zum Schälchen bis zu ihrer Heimkehr vergehen nur wenige Minuten, in denen die Sonne ihren Ort am Himmel nicht nennenswert verändert hat. Die Biene merkt sich die Richtung, in der die Sonne steht, und wenn sie diese z. B. beim Hinflug unter einem Winkel von 30° links im Rücken hatte, so stellt sie sich beim Heimflug so ein, daß sie die Sonne unter dem gleichen Winkel rechts vorne sieht. Dies klingt erstaunlich und unwahrscheinlich. Aber ein einfacher Versuch beweist, daß es so ist: sperrt man eine Biene, die eben zum Futterplatz kam, in ein dunkles Kästchen und läßt sie erst nach einigen Stunden wieder fliegen, nachdem die Sonne ihren Platz am Himmel deutlich verändert hat, so sucht sie den Stock in falscher Richtung und ihr Abflug weicht genau um den Winkel, der dem geänderten Sonnenstand entspricht, von der Richtung ab, aus der sie gekommen war (Abb. 69).

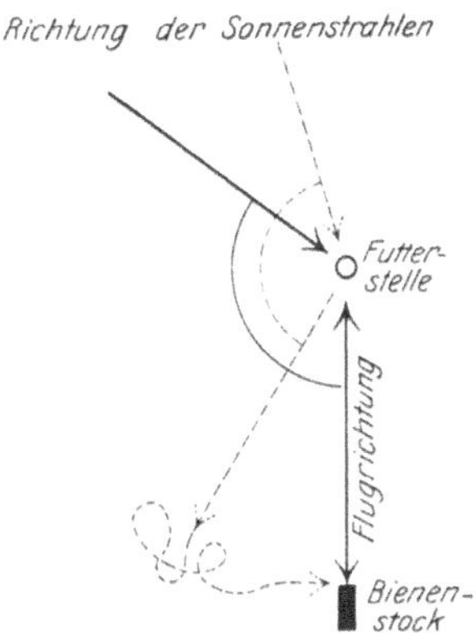

Abb. 69. (Erklärung im Text.)

Sie fliegt aber in dieser Richtung nicht in unbegrenzte Ferne, sondern — und das ist eine neue Überraschung — nach einer Strecke, die der Entfernung zwischen Futterplatz und Heimatstock entspricht, stoppt sie ihren geradlinigen Flug, schwärmt suchend an der Stelle herum und kann schließlich, wenn der Abstand nicht zu groß ist, nach Hause finden. Sie muß sich also die Länge der zurückgelegten Strecke recht genau gemerkt haben. Dies läßt sich noch drastischer zeigen, wenn man eine Biene am Futterplatz abfängt, in ein Kästchen sperrt und von einer anderen Stelle, z. B. von ×, hinter dem Bienenstock, fliegen läßt. Sie fliegt dann nach der Richtung, in welcher sie vom Futterplatz aus den Stock zu suchen hätte, und zwar auf eine Strecke, die der Entfernung zwischen Futterplatz und Stock gleich ist (Abb. 70).

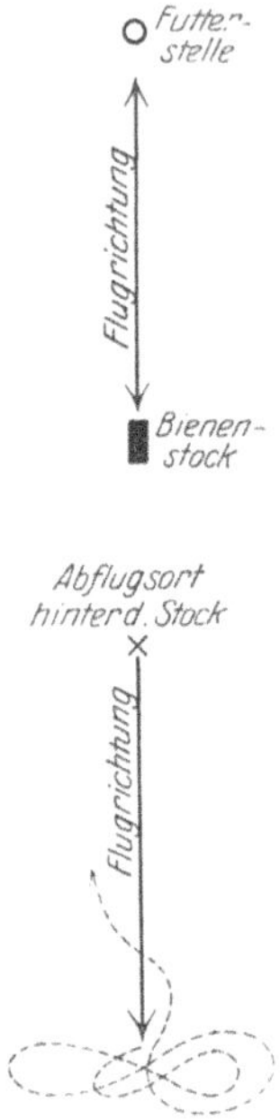

Abb. 70. (Erklärung im Text.)

In einem Gelände, das genügend optische Anhaltspunkte bietet, fällt es einer hinter den Stock getragenen Biene gar nicht ein, in falscher Richtung zu fliegen; denn sie erkennt sofort, wo sie sich befindet, und der Anblick der ganzen Gegend überzeugt mehr, als der Sonnenstand. Erst auf der öden Fläche mit ihren unnatürlich schwierigen Bedingungen wird die Benützung der Sonne als Kompaß offenbar, und die eigenartige Fähigkeit, sich die zurückgelegten Wegstrecken so genau zu merken.

Im normalen Bienenleben werden alle Mittel, die wir kennengelernt haben, zusammenwirken, um die Orientierung zu sichern.

## 13. Die geistigen Fähigkeiten der Bienen.

Dieser Abschnitt wird kurz. Denn über Dinge, von denen man wenig weiß, soll man nicht viel sagen.

Aber etwas muß doch gesagt werden. Wer von dem sinnreichen Bau der sechseckigen Bienenzellen hört, oder von der Dressurfähigkeit der Tiere, von der geschickten Art, wie sie

Honig und Blütenstaub sammeln, oder von der energischen Abfertigung der Drohnen zu dem Zeitpunkt, wo sie dem Staatswesen nicht mehr von Nutzen sind, der mag geneigt sein, bei den Bienen einen nicht geringen Grad von Intelligenz vorauszusetzen. Doch ist die Zweckmäßigkeit einer Handlung noch kein Beweis, daß sie mit Überlegung erfolgt.

Es ist z. B. eine außerordentlich zweckmäßige und durchaus nicht einfache Handlung, wenn das neugeborene Kind die Brust der Mutter sucht. Und doch wird niemand darin ein Zeichen von Intelligenz sehen wollen. Auch die einzelnen *Teile* des Körpers „handeln" zweckmäßig. So die Bauchspeicheldrüse, wenn sie eine ansehnliche Menge Verdauungssaft in den Darm fließen läßt, sobald eine Portion Nahrungsbrei aus unserem Magen in den Darm übertritt. Und doch geschieht dies ohne unseren Willen, ja, ohne unser Wissen.

Als eine intelligente Handlung pflegen wir es zu bezeichnen, wenn jemand unter Verwertung früherer Erfahrungen in einer neuartigen, ungewohnten Lage das richtige tut. Notwendig ist also ein Erinnerungsvermögen an früheres Geschehen, ein Erfassen der gegebenen Lage und ihre geistige Verknüpfung mit den Gedächtnisbildern.

Die eine Voraussetzung: ein gutes Gedächtnis, ist bei den Bienen gegeben. Die Dressurversuche, von denen in früheren Kapiteln die Rede war, bieten reichlich Gelegenheit, sich davon zu überzeugen. Dressiert man auf eine Farbe, so werden die Bienen auch nach mehreren Tagen schlechten Wetters und verhinderten Fluges wieder bei derselben Farbe das Futter suchen; ja, einen Dressur*duft* behalten sie, auch wenn er ihnen nach kurzer Dressur vollständig entzogen wird, wochenlang, und vermutlich bis an ihr Lebensende im Gedächtnis.

Auch kann man nicht bezweifeln, daß die Bienen fähig sind, gewisse geistige Verknüpfungen herzustellen. Wenn wir z. B. durch Fütterung in einem blauen Kästchen mit Erfolg auf Blau dressieren, so ist dies ein Beweis, daß die Bienen die blaue Farbe, die sie beim Hineinschlüpfen ins Kästchen gesehen haben, mit dem innen vorgefundenen Futter in Beziehung gebracht, den Zusammenhang „erfaßt" haben.

Aber wir können die geistige Leistung nicht hoch einschätzen, weil ihr außerordentlich enge Grenzen gesteckt sind.

Mir fällt hier eine Geschichte von einer Mörtelbiene ein; es ist dies eine nahe Verwandte unserer Honigbiene, die aber nicht gesellig lebt. Sie baut für jedes Ei eine runde Zelle aus Lehm, in die sie Blütenstaub und Honig füllt, bis der Vorrat ausreichend ist, um die aus dem Ei schlüpfende Larve bis zur Reife zu ernähren. Ist dieser Vorrat gesammelt, so legt die Mörtelbiene auf die Futtermasse ihr Ei, verschließt die Öffnung der Zelle, so daß ihr Kind vor feindlichen Angriffen geschützt ist, und ohne sich um dessen Schicksal weiter zu kümmern, macht sie sich an den Bau der nächsten Zelle. — Ein Beobachter berichtet nun das folgende Experiment: In eine eben gebaute, noch nicht mit Futter versehene Zelle bricht er unten eine Öffnung, während die Mutterbiene an Blüten sammelt; nach ihrer Rückkehr bemerkt sie die geschehene Veränderung, denn sie untersucht das klaffende Loch mit ihren Fühlern; aber sie kommt nicht darauf, das Loch zu schließen, so leicht sie dazu imstande wäre, sondern sie entledigt sich in der gewohnten Weise ihrer Futterladung, die unten durch das Loch hinausfällt. Ladung auf Ladung schüttet sie nach weiteren Sammelflügen durch das Loch. Man könnte erwarten, daß sie wegen des ausbleibenden Erfolges mit vermehrtem Eifer zuträgt, oder daß sie das Vergebliche ihres Bemühens einsieht und die Zelle verläßt. Aber keines von beidem trifft zu. Sie holt soviel Futter herbei, als normalerweise für die Versorgung einer Larve nötig ist, dann legt sie ihr Ei, das gleichfalls durch den offenen Boden fällt, und verschließt oben sorgfältig das unten weitklaffende Gehäuse.

Ich habe das Experiment nicht gesehen und weiß nicht, ob die Schilderung in allen Einzelheiten richtig ist. Wenn nicht, so wäre sie vortrefflich erfunden und paßt gut zu vielfachen ähnlichen Erfahrungen an anderen Insekten und auch an Honigbienen. Ich wüßte bei diesen kein Beispiel für eine wahrhaft intelligente Handlung anzuführen. Auch die vorhin erwähnten Dressuren versagen, sobald die gestellte Aufgabe ein wenig von dem abweicht, was die Bienen seit Hunderttausenden von Jahren beim Blumenbesuch zu leisten gewohnt sind. Die Verknüpfung eines Blumenduftes mit einem Futterfund z. B. gehört sozusagen zu ihrem natürlichen geistigen Rüstzeug. Aber es genügt, als Dressurgeruch statt eines Blumenduftes einen fauligen Geruch zu wählen, und die Dressur mißlingt völlig. Der faulige Geruch kann ihnen nicht unangenehm sein, denn sie befliegen ohne das geringste Zögern das Futterkästchen, das mit ihm versehen ist. Es läßt sich auch durch besondere Versuche beweisen, daß dieser Geruch für die Bienennase ebenso deutlich wahrnehmbar ist wie ein Blumenduft. Aber niemals haben die Vorfahren unserer Versuchsbienen bei fauligem Geruch Honig gefunden. Aus eigener Kraft das geistige Band zu knüpfen, geht über das Vermögen des Bienenindividuums.

Die Lernfähigkeit der Bienenvölker hält sich also in den engen Grenzen dessen, was für sie unter natürlichen Umständen Bedeutung hat und was sie seit Urzeiten gewohnt sind. Die Biene hält sich an die blaue Farbe oder an den Rosenduft, wenn sie daselbst Futter gefunden hat, so wie es ihre Vorfahren in ungezählten Generationen getan haben. Von ihnen hat sie es auch als geistiges Erbe übernommen, die Wachszellen sechseckig zu bauen, die Pollenhöschen zu formen, die Drohnen abzustechen, wenn ihre Zeit um ist. Streng geregelt folgt auf die gewohnten Umstände die gewohnte Handlung.

Ob etwas von ihrem Tun den Bienen bewußt wird, kann niemand mit Gewißheit sagen. Und wie ihre Urahnen die Fähigkeiten erworben haben, die heute jede Generation als fertiges Erbgut empfängt, hat noch kein Mensch enträtseln können.

## 14. Andere Insektenstaaten.

Jedermann hat schon einen *Ameisenhaufen* gesehen, in dem ein ähnliches Gewimmel herrscht wie im Bienenvolk; gewiß ist vielen auch das *Wespennest*, das man auf den Dachböden der Bauernhäuser so häufig antrifft, eine bekannte Erscheinung; und vielleicht hat der eine oder andere Leser schon einmal auf einem Spaziergang ein *Hummelnest* aufgestöbert, welches freilich auch für den, der es mit geschulten Augen sucht, nicht immer leicht zu finden ist.

Hummeln, Wespen und Ameisen gehören zur näheren Verwandtschaft der Bienen, im gleichen Sinne, wie Hunde, Katzen, Löwen und andere „Raubtiere" von den Zoologen als miteinander verwandt bezeichnet werden. So wie es neben den Raubtieren noch viele Säugetiere gibt, die ganz anders aussehen und anders gebaut sind, z. B. Rinder und Pferde, Hasen und Mäuse, so gibt es auch zahllose Insekten, die in Körperbau und Lebensweise den Bienen ferner stehen: die Fliegen, Käfer, Schmetterlinge und wie sie alle heißen. Bei ihnen suchen wir fast ganz vergeblich nach einem Ansatz zu ähnlicher Gesellschaftsbildung. Jener Verwandtschaftsgruppe der Bienen aber scheint die Staatenbildung im Blute zu liegen. Es gibt zwar auch unter ihnen viele einzeln lebende Formen, aber es gehören andererseits alle Insektenstaaten, die es gibt, in diese Sippe — mit einziger Ausnahme der eigenartigen Termiten, die in unserer Heimat nicht vorkommen und deshalb außer Betracht bleiben mögen.

*Bienen, Hummeln, Wespen, Ameisen* — trotz der Verwandtschaft, welche Mannigfaltigkeit der Organisation, und welche Verschiedenheit dieser Staatswesen! Über jedes für sich kann man ein Buch schreiben, ohne eintönig zu werden. Hier mag ein kurzer Seitenblick genügen. Es wird von Interesse sein, was jene anderen Staaten mit dem Bienenvolk gemeinsam haben, und was sie unterscheidet.

## *Der Ameisenstaat.*

Von den genannten staatenbildenden Insekten sind die Ameisen am stärksten von den Bienen verschieden. Der aus Tannennadeln zusammengetragene Wohnhaufen unserer Waldameise hat mit dem kunstvollen Wachsbau eines Bienenvolkes nicht die geringste Ähnlichkeit und die flügellosen Bewohner, die auf einem Ameisenhaufen und in seiner Umgebung so hastig und unstet herumkrabbeln, als wüßten sie nicht, was sie wollen, sehen nicht aus, wie wenn sie die Vettern jener geflügelten Blumengäste wären, die so zielsicher durch die Luft schwirren. Aussehen und Lebensweise ist sehr anders, die staatliche Organisation aber in den Grundzügen ähnlich.

Wie bei den Bienen finden wir im Ameisenvolk dreierlei Wesen: die Königin als vollentwickeltes Weibchen, die Arbeiterin als verkümmertes Weibchen, bei welchem die Fähigkeit zur Eiablage rückgebildet ist, und zu gewissen Zeiten Männchen. Das Bienenvolk hat nur *eine* Königin, im Ameisenvolk sind meistens mehrere, fünf oder zehn, in ganz großen

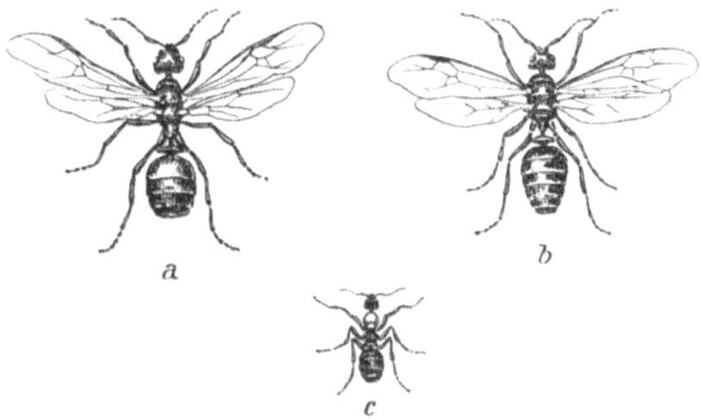


Abb. 71. *a* Königin (voll entwickeltes Weibchen), *b* Männchen, *c* Arbeiterin der Waldameise.

Staaten selbst mehrere hundert Königinnen nebeneinander anzutreffen, die friedlich zusammenleben. Aber die Hauptmasse des Volkes wird auch hier von den Arbeiterinnen gebildet. In einem großen Staate können es mehrere hunderttausend sein. Die Männchen sind geflügelt (Abb. 71); sie haben ein kurzes Leben. Die Königinnen werden viele Jahre alt, aber nur wenige Tage lang sind sie beschwingt. Die Arbeiterinnen haben überhaupt keine Flügel. So sind die Ameisen Kinder des Bodens und haben schon dadurch eine andere Lebensart vorgeschrieben als die Bienen, die Kinder der Lüfte.

Ein Wohnhaufen der Waldameisen ist ein Berg aus ungezählten Tannennadeln, Bruchstücken kleiner Ästchen, vertrockneten Grashalmen usw., die von den Arbeiterinnen zusammengetragen werden. Er enthält in seinem Inneren ein

Labyrinth von Wohnkammern und Gängen (Abb. 72), die durch viele Öffnungen an der Oberfläche des Haufens ausmünden. Aber die Ameisenwohnung ist nicht auf diesen ober-

Abb. 72. Ausschnitt aus einem Ameisenbau; Gänge und Kammern mit Eiern (oben), Larven (mittlere Kammern) und Puppen (sog. „Ameiseneier", unterste sichtbare Kammer). Nach André aus Buytendijk.

irdischen Berg beschränkt. Unter ihm werden Gänge und Kammern tief ins Erdreich gegraben.

Die Ameisen sind nicht in dem Maße, wie die Bienen, imstande, Wärme zu erzeugen. Auch *ihre* Brut ist wärmebedürftig. Aber sie ist auf die Sonne als Wärmespenderin angewiesen. Die schräg anfallenden Strahlen der Morgen- und Abendsonne könnten das Erdenfleckchen, wo sich das Ameisennest befindet, nur schwach erwärmen; doch der kuppelförmige Aufbau fängt Sonnenstrahlen auf, die ohne ihn ungenützt blieben (vgl. Abb. 73); das ist der Sinn des „Ameisenhaufens"; er bewirkt an sonnigen Tagen schon in früher Morgenstunde ansehnliche Temperaturen in den oberen Schichten des Nestes. Dahin schleppen dann die Arbeiterinnen Eier und Brut, sie tragen sie tagsüber von Kammer zu Kammer (vgl. Abb. 72), stets dahin, wo die günstigsten

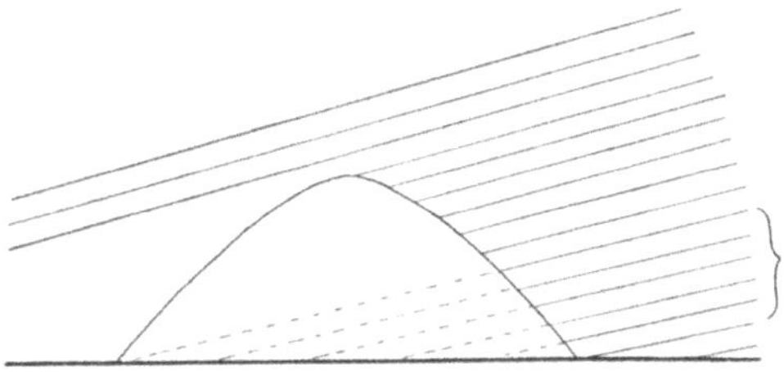

Abb. 73. Schematische Darstellung der Bedeutung des „Ameisenhaufens". Bei tiefem Sonnenstand würde die von den Ameisen bewohnte Stelle nur von den punktiert durchgezeichneten Strahlen erwärmt werden; durch den Kuppelbau werden wesentlich mehr Sonnenstrahlen für die Erwärmung des Ameisenbaues nutzbar gemacht.

Wärme- und Feuchtigkeitsverhältnisse zu finden sind. Allabendlich verschließen sie mit dem gleichen Material, aus dem der ganze Haufen gebaut ist, die Eingangspforten an der Oberfläche, um der kühlen Luft den Eintritt zu wehren; dann wird die Brut in die tieferen Teile des Nestes transportiert, wo sich die aufgespeicherte Wärme am längsten hält. Erst am Morgen werden die verrammelten Öffnungen wieder freigemacht und, bei schönem Wetter, die Eier, Larven und Puppen neuerdings nach oben befördert.

Unfähig, die sommerlichen Temperaturschwankungen auszugleichen, sind die Ameisen gegenüber der Winterkälte völlig machtlos. Sie ziehen sich im Spätherbst in die tiefsten, frostgeschützten, unterirdischen Teile ihrer Anlagen zurück und verfallen in einen Zustand der Starre. So verschlafen sie die schlechte Jahreszeit und brauchen darum auch keine Wintervorräte zu sammeln. Wenn sie die Frühlingssonne weckt, finden sie draußen eine frisch gedeckte Tafel.

Es ist aber nicht der Blumenflor, der sie herauslockt. Ihr Nahrungserwerb gestaltet sich weniger poetisch als bei den Bienen. Zur Hauptsache nähren sie sich von anderen Insekten, die, auch bei überlegener Größe, dem giftigen Massenangriff der behenden Ameisen nicht widerstehen können und tot oder lebendig ins Nest geschleppt werden. Ein einziges, großes Ameisenvolk bringt jeden Tag mehrere tausend Raupen, Schmetterlinge, Fliegen, Käfer in seinem Jagdgebiet zur Strecke und leistet dem Wald durch die Vertilgung schädlicher Insekten einen bedeutenden Dienst. Daneben schätzen die Ameisen Zucker und Honig über die Maßen. Manche Hausfrau hat dies unliebsam erfahren. Ihre natürlichen Zuckerquellen sind nicht die Einmachtöpfe der Hausfrauen, auch nicht so sehr die Kelche der Blüten, an denen sie den Honig oft nicht gewinnen können, wenn er in tiefen Blumenröhren geborgen und nur einem Saugrüssel zugänglich ist, sondern — Blattläuse, die an saftigen Pflanzenstengeln saugen und daselbst in solchem Nahrungsüberflusse leben, daß sie in ihren Ausscheidungen den nahrhaften Zucker in Menge von sich geben. Dieser von den Blattläusen abgeschiedene Zucker wird von den Ameisen begierig gesammelt und ins Nest getragen. Sie hegen und pflegen ihre Zuckerlieferanten, sie schützen sie vor Angreifern, ja, manche Ameisen tragen ihre Läuse im Herbst zur Überwinterung in die schützende Tiefe ihres Baues und bringen sie im Frühjahr, wenn die Blätter sprießen, wieder auf ihre Futterpflanze, ähnlich dem Bauer, der sein Vieh auf die Weide treibt.

Die Königinnen beteiligen sich nicht am Herbeischaffen der Nahrung. Sie bleiben im Inneren des Ameisennestes und sind von der Tätigkeit des Eierlegens gänzlich in Anspruch genommen. Aus den Eiern schlüpfen, wie bei den Bienen, weiße Maden ohne Augen, Flügel und Beine. Auf eine säuberliche Wohnzelle, wie sie jedes Bienenkind erhält, müssen sie verzichten. Sie liegen zu Hauf in den Wohnkammern beieinander (vgl. die Abb. 72), werden aber von den Arbeiterinnen sorgfältig ernährt, gepflegt, an die wärmsten Stellen getragen und bei drohender Gefahr schleunigst in den tiefsten Schlupfwinkeln des Baues in Sicherheit geborgen. Die herangewachsenen Larven spinnen einen länglich runden Kokon um ihren ganzen Körper und werden zur Puppe. Diese eingesponnenen Ameisenpuppen kommen als „Ameiseneier" in den Handel, um als Vogelfutter zu dienen; die wirklichen Eier der Ameisen sind um vieles kleiner. Zupft man den Kokon vorsichtig auf, so kann man im Inneren oft schon die fertige, aber noch bleiche Ameisengestalt erkennen. Nach einer gewissen Ruhezeit erfolgt das Ausschlüpfen aus der Puppenhülle.

Sehr anders als bei den Bienen vollzieht sich hier die Gründung eines neuen Volkes. Zur Sommerszeit entstehen im Ameisenstaate geflügelte männliche und weibliche Geschlechtstiere, und zwar in großen Völkern von beiden eine ganz gewaltige Zahl. Bei günstiger Witterung steigen sie zu bestimmter Stunde aus dem Inneren des Nestes an seine Oberfläche und erheben sich wie eine Rauchsäule in die Luft, um nie mehr in ihr Mutternest zurückzukehren. Dieses Ausschwärmen der „fliegenden Ameisen" erinnert äußerlich an das Schwärmen eines Bienenvolkes, ist aber ein völlig anderer Vorgang. Bei den Bienen schwärmt die Hälfte der Arbeiterinnen mit der alten Königin ab, die zurückbleibende Hälfte erhält eine neue Königin; durch den Schwarmakt ist ein Volk gegründet. Bei den Ameisen schwärmen nur die jungen Männchen und Weibchen aus, sie verlassen das Nest zum Hochzeitsflug, sie treffen in den Lüften mit den Schwärmen aus anderen Kolonien zusammen, und die Männchen und Weibchen finden und vereinigen sich, um dann zu Boden zu fallen. Die Männchen haben ihren Zweck erfüllt und sterben kurz nach diesem Hochzeitsflug. Die befruchteten Weibchen aber gründen neue Kolonien. Die wenigsten erreichen dieses Ziel, denn mannigfache Gefahren drohen ihnen auf ihrer Hochzeitsreise, und zahlreich sind die Feinde, die ihnen nachstellen.

Die junge, befruchtete Königin wirft zunächst die Flügel ab, deren sie nicht mehr bedarf und die ihr bei ihrem weiteren Vorhaben nur hinderlich wären. Eine große Anstrengung ist hierzu nicht erforderlich, denn die Flügel sitzen locker. Sie stemmt die ausgebreiteten Schwingen rechts und links gegen die Erde, drückt und zieht ein bißchen mit ihren Beinen daran herum, und sie fallen ab. Dann gräbt sie sich in der Erde eine kleine Höhle, verstopft von innen das Eingangsloch und in diesem selbstgemauerten Gefängnis bringt sie die nächsten Monate zu. Hier legt sie die ersten Eier ab und zieht selbst aus ihnen die ersten Arbeiterinnen heran. Da

Abb. 74. Eine Königin der Roßameise, unserer größten deutschen Ameisenart, in ihrem selbstgemauerten Gefängnis, bei der Betreuung der Brut. Eine Made ist durch bevorzugte Fütterung herangewachsen, die anderen sind noch klein (etwa dreifach vergrößert nach Dr. Eidmann).

sie die Erdhöhle nicht verläßt, kann sie auch keine Nahrung herbeischaffen. Sie zehrt in dieser Zeit von dem Fettwanst, den sie von Haus aus mit auf die Reise nahm, und sie zehrt vor allem von der kräftigen Flugmuskulatur im Inneren ihrer Brust, die nun überflüssig geworden ist und allmählich zerfällt; ihr Stoffmaterial wandert innerlich in die anderen Körperteile und in die sich entwickelnden Eier. Die Brut aber ernährt sie mit ihrem Speichel und mit dem Überschuß an abgelegten Eiern, die sie wenigen, auserwählten Larven reicht. Zunächst bevorzugt sie *eine* und zieht sie groß (Abb. 74), die anderen erhalten nur so viel, daß sie nicht verhungern; erst wenn die erste Larve erwachsen und verpuppt ist, wird eine zweite, dann eine dritte großgezogen — als ob die Königin nicht riskieren wollte, von ihrem beschränkten Nahrungsvorrat zu verschwenderisch an alle Kinder auszuteilen und schließlich für keines genug zu haben. Wenn einige Larven ihre Entwicklung vollendet haben und die ersten Arbeiterinnen aus den Puppenhüllen steigen, dann öffnen sie das vermauerte Gefängnis, schaffen von außen Nahrung und Baumaterial herbei und jetzt entwickelt sich der neue Ameisenstaat zur Blüte.

Nun muß ich aber noch sagen: so *kann* die Gründung eines Ameisenstaates vor sich gehen, so *kann* sich ein Ameisenvolk ernähren, so *kann* ein Ameisennest aussehen. Es gibt viele verschiedene Ameisenarten und im einzelnen herrscht eine große Mannigfaltigkeit. Nicht alle bauen einen Ameisenhaufen, viele legen ihr Nest unter Steinen oder in Baumstämmen an. In der Ernährungsweise kommen originelle Sonderheiten vor. Manche Ameisen haben mehrere, verschieden gestaltete Sorten von Arbeiterinnen. Die Gründung neuer Kolonien geht oft in etwas anderer Weise vor sich, als eben geschildert wurde. Und viel wunderbare Dinge, die gar nicht berührt wurden, gäbe es aus dem Leben der Ameisen zu berichten. Aber ich will ja kein Ameisenbuch schreiben.

### *Der Wespenstaat.*

Ein Wespennest ist ein Gebilde aus einer grauen oder braunen, weichen, leicht zerstörbaren, papierartigen Masse, mit seinem oberen Ende an einem Dachbalken oder dergleichen befestigt, an seinem unteren Ende mit einem Loch versehen, durch das die Wespen aus und ein fliegen (Abb. 75). Dieser ganze Ballon bildet aber nur die mehrblätterige, äußere Hülle, entsprechend dem hölzernen Kasten eines Bienenvolkes, und umschließt das eigentliche Nest (Abb. 76). Es besteht aus Waben, die aus sechseckigen Zellen aufgebaut sind und dadurch mit Bienenwaben große Ähnlichkeit haben. Sie unterscheiden sich von ihnen durch ihre horizontale Anordnung;

Abb. 75. Wespennest an einem Balken (nach Bischoff).

Abb. 76. Wespennest, die äußeren Hüllen teilweise entfernt. Im Innern die durch kleine Säulen miteinander verbundenen Waben (nach Bischoff).

sie haben ferner nur an einer Seite Zellen, und diese sind mit ihren Öffnungen nach unten gerichtet; sie bestehen schließlich nicht aus Wachs, sondern aus der gleichen Masse wie die äußere Hülle.

Lange, bevor die Menschheit das Papier erfunden hat, haben die Wespen schon ihre Nester aus diesem Stoff gebaut. Die Substanz der äußeren Hülle und der Waben ist im Grunde nichts anderes: fein zerfasertes Holz, durch ein

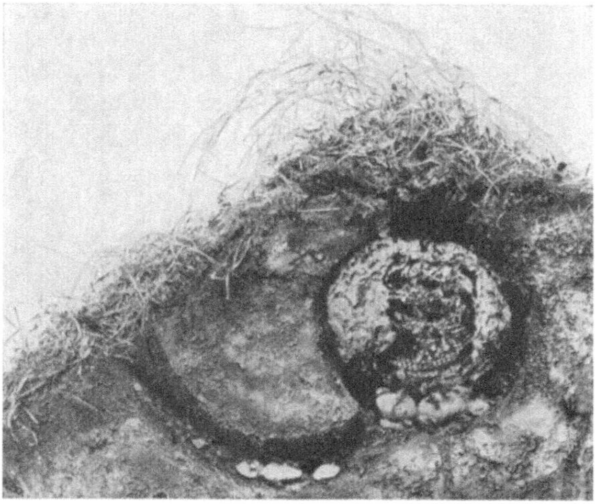

Abb. 77. Unterirdisches Wespennest. Erde aufgegraben; Eingangsröhre, die das äußere Flugloch mit dem Nestraum verbindet, freigelegt; Nesthüllen teilweise entfernt, so daß die Waben sichtbar werden.

Bindemittel zusammengehalten. Häufig sieht man Wespen an Holzzäunen, Brettern, Telegraphenstangen und dergleichen damit beschäftigt, mit ihren festen Kiefern feine Späne herunterzunagen. Hier holen sie das Baumaterial; ihr Speichel gibt das Bindemittel.

Wer in wespenreichen Gegenden viel im Freien herumstreift, weiß nur zu gut, was ein „Wespenloch" ist: eine Öffnung im Boden, in der die Wespen aus und ein fliegen, so groß wie ein Mauseloch, im Gras der Wiese oder in der dichten Vegetation eines Schlages verborgen — und wehe dem, der unachtsam darüber wegschreitet! Die Wächter sind nicht weniger achtsam und nicht schlechter gewaffnet, als

Abb. 78. Wespe im Winterschlaf auf einem Rindenstück. (Aus Bischoff.)

die Hüter des Bienenstockes. Es ist eine sehr naheliegende, aber sehr irrige Meinung, wenn man glaubt, diese Erdbauten der Wespen seien wesensverschieden von den oberirdischen

Nestern. Der Erdgang, dessen äußere Mündung das „Wespenloch" darstellt, führt in gekrümmtem Verlauf in eine geräumige Höhle, an deren Decke, vor eindringendem Regenwasser geschützt, ein typisches Wespennest hängt, mit seinen Papierwaben und äußeren Hüllschichten genau so angelegt wie die freien Bauten, nur im Schutze der Erde, statt etwa unter dem Schutze eines Scheunendaches. Es ist eine mühsame Arbeit für die kleinen Baumeister, so viele Erdkrümel herauszutragen, daß die geräumige Höhle entsteht. An größeren Steinchen versagt ihre Kraft, sie bleiben am Grunde der Höhle liegen (Abb. 77).

Auch die größten Wespennester, selbst die mächtigen Bauten der Hornissen — die von den Zoologen auch zu den Wespen gerechnet werden — sind das Werk eines Sommers. Ein Ameisenstaat, ein Bienenstaat kann viele Jahre, auch Jahrzehnte überdauern; die Individuen vergehen, die Staaten bestehen. Anders bei den Wespen. Jeder Staat geht im Herbst unrettbar zugrunde. Das Wespenvolk speichert keine Wintervorräte, und versteht es auch nicht, wie das Ameisenvolk, den Winter zu verschlafen. Nur einzelne, befruchtete Weibchen verkriechen sich im Herbst in geschützte Winkel, unter Moos, in die Ritzen zerklüfteter Baumrinde (Abb. 78) und überdauern die schlechte Jahreszeit in einem Zustand der Starre. Im Frühjahr gründet jedes überwinterte Weibchen einen neuen Staat.

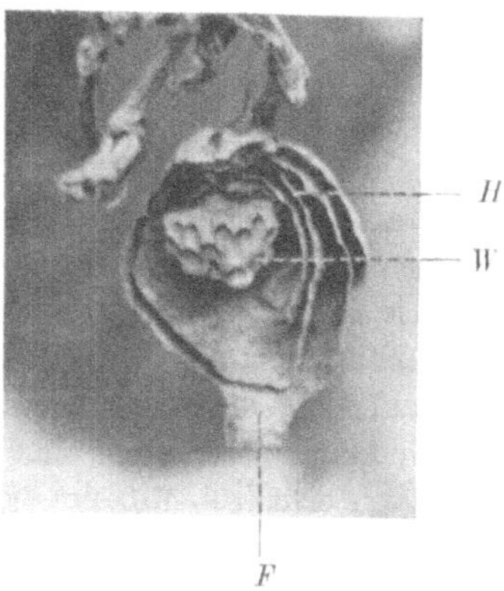

Abb. 79. Junges Wespennest; *W* die erste Wabe, *H* Schutzhüllen, *F* Flugloch.

Es baut eine winzige Wabe, nur aus wenigen Zellen bestehend, umgibt sie mit den schützenden Hüllen (Abb. 79) und zieht die ersten Arbeiterinnen heran. Dies erinnert an die Koloniegründung bei Ameisen. Aber die Wespenkönigin mauert sich nicht ein und sorgt ständig für frische Nahrung. Und sie legt, wie die Bienenkönigin, jedes Ei in eine

Zelle, in der die Made heranwächst und sich schließlich verpuppt. Die ausschlüpfenden Arbeiterinnen leisten der Königin Hilfe und nun wird der Staat schnell größer. Die Wabe wird verbreitert und unterhalb eine zweite, durch Strebepfeiler mit ihr verbundene angelegt; die Schutzhülle bedarf einer entsprechenden Erweiterung; sie erhält sie dadurch, daß außen neue Hüllen über die alten gebaut und die inneren, zu eng gewordenen, abgetragen werden. So entsteht aus der winzigen Einzelwabe zuletzt ein umfangreiches, vielstöckiges Wabenwerk. Die Zellen dienen hier nur der Aufzucht von Brut, Vorräte werden nicht in ihnen gespeichert.

So rasch das Volk heranwächst, es erreicht doch nie die Stärke größerer Ameisen- oder Bienenvölker. Mehr als einige tausend Bewohner sind auch in großen Wespennestern nicht zu finden. Im Hochsommer werden Männchen und vollentwickelte, befruchtungsbedürftige Weibchen herangezogen. Die alte Königin, die Arbeiterinnen und die Männchen gehen mit den ersten Herbstfrösten, sofern sie diese überhaupt erleben, zugrunde. Die jungen, befruchteten Königinnen aber verkriechen sich rechtzeitig, um das Wespengeschlecht ins nächste Jahr zu retten.

In ihrem Aussehen, und vielfach auch in ihrem Staatenwesen, sind die Wespen den Bienen ähnlich. Aber ihre Ernährung ist, im Gegenteil zum blumenfrohen Bienenvolk, auf Raub und Mord gegründet; das haben sie mit unseren Ameisen gemein. Zuckersaft und Blütenhonig, wo er leicht erreichbar ist, wird wohl gerne genommen; aber die Hauptnahrung, vor allem auch die Nahrung für die Brut, bilden andere Insekten. Wer einmal gesehen hat, mit welcher Behendigkeit sich eine Wespe auf eine flinke Fliege stürzt, sie durch einen Stich erledigt, mit ein paar Bissen die Flügel und Beine abbeißt, den Körper zu einem Brei zerkaut, zu einer Pille formt und so im Handumdrehen aus dem munteren Insekt ein kugelrundes Breiklümpchen macht, das sie als Beute einbringt, oder wie sie eine an Kräften gleiche und gleichbewehrte Biene von hinten überfällt und überwältig, in Stücke zerwirkt und die Teile nach Hause trägt, und wer gesehen hat, mit welcher Ausdauer diese Jagd betrieben wird, der wundert sich nicht, daß in wespenreichen Sommern die übrige Insektenwelt verarmt und stellenweise, sofern sie als Wespenbeute in Frage kommt, nahezu ausstirbt.

### *Der Hummelstaat.*

Wenn wir uns nach diesen Abstechern zu Ameisen und Wespen noch mit den Hummeln befassen, so nähern wir uns wieder dem Gegenstand dieses Buches. Denn die Hummeln haben trotz ihres klobigen Aussehens in ihrem äußeren und inneren Bauplan so viel mit den Bienen gemeinsam, daß sie in der Tierkunde in derselben „Familie", als nächste Verwandte, behandelt werden.

Im dichten Moospolster am Waldesrand, unter dem Wurzelwerk eines Baumes, zwischen Grasbüscheln mitten auf einer Wiese, in einem verlassenen Mauseloch, unter dem Bretterboden eines Holzschuppens und an mannigfachen anderen Örtlichkeiten kann man das Hummelnest finden. Eine handtellergroße, unordentliche Wabe (Abb. 80), von einer Wachsschicht oder auch von einer lockeren Hülle aus Moos oder dergleichen umgeben, dazu ein paar Dutzend, im günstigsten Falle wenige hundert Insassen, das ist die Hummelwohnung und das Hummelvolk.

Von der Natur mit einem langen Saugrüssel, mit Bürstchen und Körbchen ausgerüstet, wie die Bienen, sammeln die Hummeln Honig und Blütenstaub als einzige Nahrung, ziehen von Blume zu Blume und sind nächst den Bienen deren wichtigste Bestäuber. Wie diese verwenden sie ausgeschwitztes Wachs bei ihrem Wabenbau.

Die Hauptunterschiede liegen im primitiven Bau des Wabenwerkes und in der Einjährigkeit des Hummelstaates; wie der Wespenstaat, hält er der Winternot nicht stand; einzelne, im Herbst befruchtete, überwinterte Weibchen gründen im Frühjahr neue Kolonien.

Schon im zeitigen Frühling sieht man große, dicke Hummeln am Boden herumsuchen oder geschäftig an den Blüten sich herumtreiben. Es sind die überwinterten Königinnen, auf der Suche nach einem geeigneten Nistplatze, oder schon mit dem Einsammeln der ersten Vorräte beschäftigt. In diesem Stadium ist die Hummelkönigin auf sich selbst gestellt. Sie kann ja noch, so wie die junge Ameisen- und Wespenkönigin, alle Leistungen verrichten, die zur Erhaltung des Lebens und zur Aufzucht der Brut nötig sind, anders als die Bienenkönigin, die nie in solche Lage gerät und außer der Eiablage so gut wie alles verlernt hat.

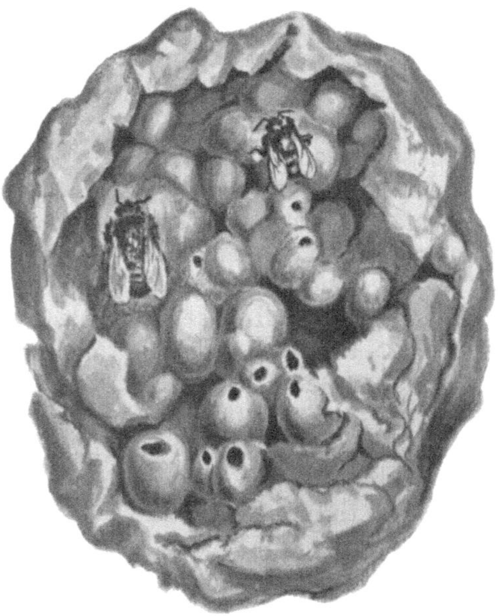

Abb. 80. Unterirdisches Nest der Steinhummel; die Wachshülle wurde teilweise entfernt, um die Wabe freizulegen. Links die Königin, rechts eine Arbeiterin. Auf $^2/_3$ verkleinert. (Nach v. Buttel-Reepen.)

Sie schafft ein zierliches, kleines Nest, allseits geschlossen, nur mit einem Flugloch zum heraus- und hineinschlüpfen. Innen baut sie runde Zellen für die erste Brut und daneben einen Topf, von der Gestalt einer bauchigen Flasche als Honigvorratskrug für kalte Regentage (Abb. 81). Das Baumaterial ist ein Gemisch aus selbst geschwitztem Wachs, an den Bäumen gesammeltem Harz und von Blumen geholtem

Blütenstaub; einen *reinen* Wachsbau findet man bei den Hummeln nicht.

In die erste Zelle legt die Königin etwa ein halbes Dutzend Eier, die sie mit Honig und Blütenstaub verproviantiert. Sie verschließt dann die Zelle, um sie später gelegentlich wieder zu öffnen und den heranwachsenden Maden neues Futter zu reichen. Aber im ganzen ist dieser Erstlingsnachwuchs an

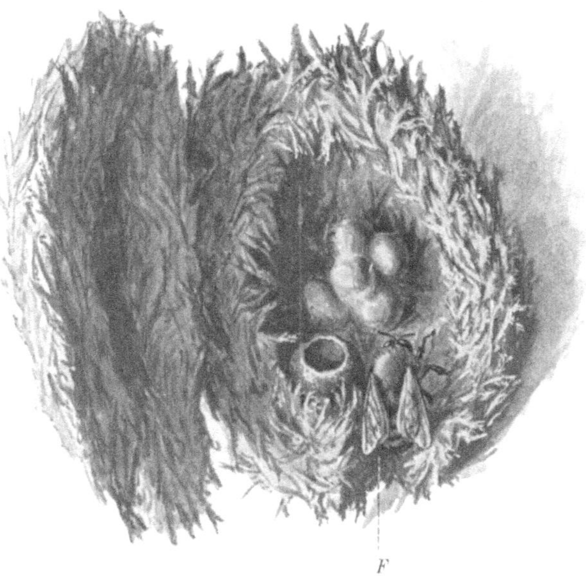


Abb. 81. Junges Nest der Ackerhummel, Mooshülle durchschnitten und aufgeklappt. Das Nest ist bis auf das Flugloch (*F*) allseits geschlossen. Die Königin ist noch allein. In der kleinen Wabe werden die ersten Arbeiterinnen herangezogen. Links der Honigtopf. (Natürliche Größe.)

Raum wie an Futter recht knapp gehalten und bleibt darum klein. Nach einer gewissen Zeit spinnt jede Made einen Kokon und wird darin zur Puppe. Die sparsame Mutter nagt das unnötig gewordene Baumaterial der Zelle wieder ab, um es anderweitig zu verwenden, so daß die Kokons freiliegen. Die Hummeln, die aus diesen Kokons schlüpfen, sind klein und haben infolge der knappen Ernährung verkümmerte Eierstöcke. Es sind Arbeiterinnen, die der Königin beim Zellenbau und beim Eintragen des Futters behilflich sind und ihr später diese Verrichtungen ganz abnehmen, so daß sie sich völlig der Eiablage widmen kann. Nun wird die Wabe größer, neue Zellen werden angelegt, aber ohne die Kunstfertigkeit der Wespen und Bienen, als unregelmäßig runde Gebilde, mit primitiver Raum- und Materialverschwendung. Auch weiterhin müssen noch mehrere Maden mit gemeinsamen Zellen vorliebnehmen. Die leeren Kokons der ausgeschlüpften Arbeiterinnen pflegen als Honigtöpfe Verwendung zu finden. Mit zunehmender Volksstärke werden die Arbeitskräfte zahlreicher, die kommenden Sprößlinge werden ausgiebiger ernährt und erhalten geräumigere Wiegen. Dementsprechend werden sie größer und besser entwickelt. So entstehen im Laufe des Frühlings und Sommers alle Übergänge von jenen ersten, kümmerlichen Hungertieren bis zu vollentwickelten Weibchen (vgl. Abb. 82), neben denen im Sommer auch Männchen herangezogen werden. Diese sind nicht so unselbständig wie die Drohnen der Bienen, sie fliegen an Blumen und sammeln sich selbst ihren Nahrungsbedarf, aber sie beteiligen sich nicht an den häuslichen Arbeiten. Sie machen sich auf die Suche nach den ausschwärmenden jungen Weibchen, die sie im Fluge befruchten. Im Spätherbst sterben sie ab, wie auch die alte Königin und das ganze Arbeitsvolk. Denn die gesammelten Vorräte reichen wohl über kurze Zeitspannen ungünstiger Witterung, aber nicht durch die lange Winterszeit, und das lockere Nest schützt nicht vor den Frösten. Die befruchteten Weibchen aber verkriechen sich an geeigneten Stellen und sind die Königinnen des kommenden Jahres.

Abb. 82. Die kleinste und größte Hummel aus einem Nest. (Natürliche Größe.)

# 15. Von Einsiedlerbienen und von der Entstehung des Bienenstaates.

Die Wissenschaft ist längst von dem Glauben abgekommen, die Tierformen dieser Erde seien bei der Schöpfung der Welt geschaffen worden, so wie sie heute sind. Man hat erkannt, daß sich im Laufe der Erdgeschichte die hochorganisierten Tiere in allmählicher Umwandlung aus einfach gebauten Formen entwickelt haben. Selbst in der kurzen Zeitspanne, die ein Menschenleben bedeutet, kann man diesen Prozeß der Artenwandlung in kleinen Stufen weiterschreiten sehen.

Wenn die Tierwelt von heute etwas *Gewordenes* ist, und nicht etwas Geschaffenes, dann muß auch der Bienenstaat einmal geworden sein. Niemand weiß, wie das vor sich gegangen ist, und wie die Urahnen unserer Bienen ausgesehen haben. Sie leben nicht mehr, und wir kennen sie nicht. Aber es ist doch von großem Interesse, daß wir bei den nahen Verwandten der Bienen, bei den Hummeln, ein einfacheres Staatswesen sehen, das uns eine der Stufen zeigt, über welche die Entwicklung des Bienenstaates erfolgt sein könnte. Sie verwenden ihre Wachsausscheidungen beim Bauen, aber sie haben noch nicht den reinen Wachsbau der Honigbienen. Sie bauen Zellen für ihre Maden, aber sie haben noch nicht die sparsamste Form gefunden. Sie gehen verschwenderisch um mit ihrem Baumaterial, und die Folge ist Not an Baumaterial, das Zusammenpferchen vieler Maden in zu engen Zellen und das Entstehen jener Kümmerweibchen, die wir als Arbeiterinnen bezeichnen, die wohl die weiblichen Triebe zur Versorgung und Pflege der Brut, aber nicht die Fähigkeit zur Eiablage haben. Es ist gut denkbar, daß auf solche Weise die ersten Arbeiterinnen der Insektenstaaten überhaupt entstanden sind. Sie haben ferner den Trieb, Honig und Pollen auf Vorrat zu sammeln, aber der Vorrat reicht nicht für den langen Winter, und im Frühling ist noch jedes Hummelweibchen beim Ablegen und Versorgen der ersten Eier ebenso auf sich angewiesen wie ein einzeln lebendes Insekt.

Wir kennen aber bei den Bienen auch allererste Ansätze zu einem Gesellschaftsleben und außerdem Formen, die noch jede Spur eines sozialen Triebes vermissen lassen. Es wird gewiß den meisten überraschend sein, daß Staatenbildung in der Familie der Bienen durchaus nicht die Regel, sondern eine Ausnahme darstellt. Wir kennen mehrere tausend Bienenarten, die ihr Leben als Einsiedler verbringen. Sie sammeln Honig und Blütenstaub für ihre Brut, sie bauen Zellen für ihre Maden, aber jedes Weibchen schafft für sich und für seine Brut, und es gibt keine „Arbeiterinnen". Jedes dieser Wesen handelt streng nach den von der Natur ihm vorgeschriebenen Gesetzen. Aber jede Art hat ihre besonderen Gesetze, nach denen sie die Brut versorgt, und so gehört die Lebensweise dieser Einsiedlerbienen zu den reizvollsten Kapiteln der Insektenbiologie.

Abb. 83. Die soeben vollendete Nestanlage einer Löcherbiene (Eriades). Die älteste Larve, am blind geschlossenen Ende des Ganges, hat ihren Futtervorrat fast aufgezehrt und ist nahezu erwachsen. In den jüngeren Zellen sind die Maden entsprechend kleiner. Jede Larvenkammer hat ihren Honigkuchen und ist durch Harzwände von den Nachbarkammern getrennt. (Natürliche Größe.)

Da gibt es z. B. eine Biene (Abb. 83), die mit ihren kräftigen Kiefern in das Holz einen tiefen Gang nagt. In das Ende des Ganges trägt sie Blütenstaub und Nektar, formt aus beidem einen Honigkuchen und legt ein Ei darauf. In einem gewissen Abstand, groß genug, um der heranwachsenden Made Raum und Luft zu geben, führt sie aus Harzkügelchen eine quer verlaufende Schutzwand auf. Eine zweite, eine dritte und vierte Kammer schließt sie an, jede mit ihrem Honigkuchen, mit ihrem Ei und der schützenden Harzwand. Zum Schluß verkittet sie das Eingangsloch mit Harz und kümmert sich nicht weiter um ihre Kinder. Jede ausschlüp-

Abb. 84. *a* Blattschneiderbienen bei der Arbeit; an den Blättern sind die durch das Herausschneiden der Blattstücke entstandenen Defekte zu sehen; oben trägt eine Biene ein ausgeschnittenes und geschickt zusammengerolltes Blattstück fort.
*b* Ein fertiger Blattfingerhut aus länglichrunden Blattstücken, rechts durch kreisrunde Blattstücke verschlossen; er enthält den Futterkuchen und ein Ei. (Natürliche Größe.)

fende Made findet so viel Honigkuchen, als sie zu ihrer Entwicklung braucht, verpuppt sich dann in ihrem Häuschen aus Holz und Harz, und wenn sie zur fertigen Biene geworden ist, wühlt sie sich durch den Gang ins Freie. Männchen und Weibchen schlüpfen aus, finden sich in der Luft, die Männchen gehen bald zugrunde, die befruchteten Weibchen bauen die Wiegen für ihre Kinder, wie es ihre Mutter getan hat, aus einem inneren Drange, ohne es bei jener gesehen zu haben, und ohne je die eigenen Kinder zu erblicken.

Oder die Blattschneiderbiene! Sie schafft einen Gang in morschem Holz, fliegt dann an die grünen Blätter eines Rosen- oder Fliederstrauches, oder an eine Himbeerstaude,

Abb. 85. Nestanlage einer Blattschneiderbiene in morschem Holz. Es sind sieben Einzelnester aneinandergereiht. (Verkleinert.)

an eine Birke, einen Apfelbaum oder dergleichen, schneidet mit der scharfen Schere ihrer Kiefer aus einem Blatt ein länglich rundes Stück heraus und trägt es zusammengerollt in ihren Holzkanal. So fährt sie fort und dreht die Blattstücke zur Gestalt eines Fingerhutes zusammen, und dieser grüne Fingerhut ist ihre Kinderwiege. Mancher mag die eigenartigen Blattdefekte (Abb. 84) schon gesehen haben, ohne die Urheberin zu kennen. In den Blattfingerhut sammelt sie den Honigkuchen und legt ihr Ei darauf, um dann die Öffnung mit weiteren, kreisrunden Blattstückchen zu verschließen (vgl. Abb. 84 u. 85).

Wohl zu den wunderbarsten Nestern gehört das einer gewissen Mauerbiene. Sie sucht für jedes ihrer Eier ein leeres Schneckenhaus, bringt tief im Inneren den Futterkuchen für die Larve unter, und auf diesem ihr Ei (Abb. 86). In einigem Abstand errichtet sie aus einem erhärtenden Brei aus gekauten Blättern eine Querwand, stopft dann den ganzen Rest der inneren Schneckenwindung mit kleinen Steinchen voll, die durch eine zweite Wand aus Blattmus vor dem Herausfallen gesichert werden. Noch nicht genug des Schutzes für ihr Kind, das den Nachstellungen von vielerlei Feinden ausgesetzt wäre, holt sie in mühsamem Fluge Halm für Halm herbei und baut aus vertrock-

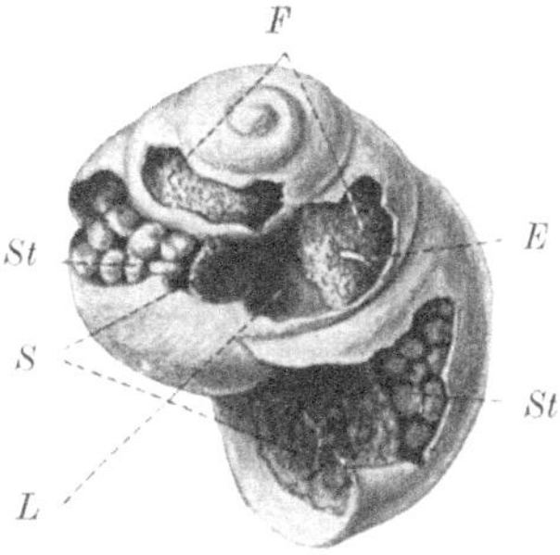


Abb. 86. Nestanlage einer Mauerbiene in einem leeren Schneckenhaus. *F* Futterkuchen, *E* Ei, *L* Luftkammer, *S* Scheidewände aus zerkautem Blattwerk, *St* Steinchen. (Zweifach vergrößert.)

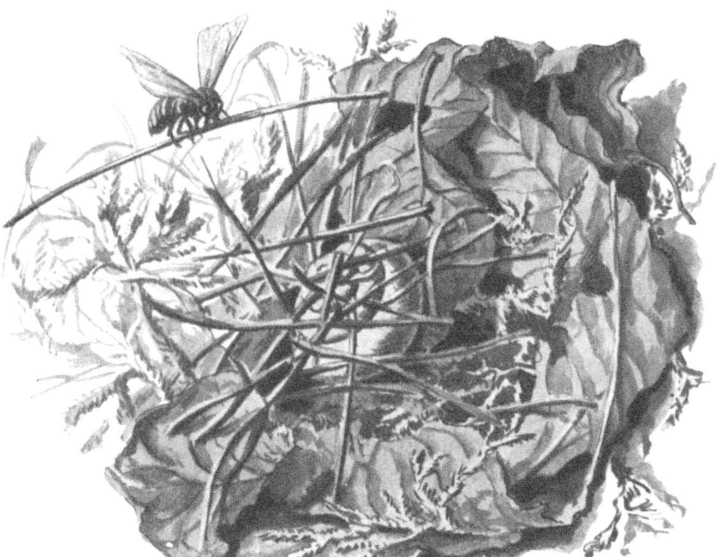

Abb. 87. Das Schneckenhaus mit dem Bienenei wird durch ein Dach aus Halmen unsichtbar gemacht.

neten Gräsern oder auch aus leichten, dürren Ästchen, anderwärts aus Kiefernadeln, ein zeltförmiges Schutzdach (Abb. 87), unter dem das Schneckenhaus schließlich völlig verschwindet.

So ließe sich noch lange erzählen.

Doch wollen wir uns lieber jenen Formen zuwenden, bei denen die ersten Ansätze zu einer Gesellschaftsbildung zu erkennen sind.

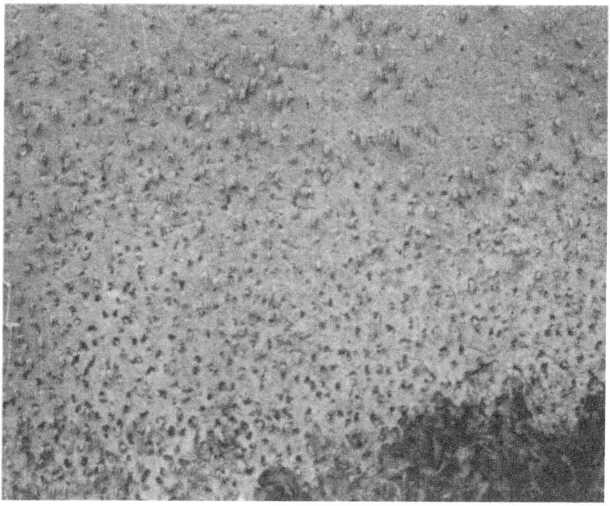

Abb. 88. Massensiedlung der Pelzbiene (Anthophora) in einer Lehmwand, Neugaarz a. d. Ostsee.

In Mecklenburg wurde ich einmal auf einen aus Lehm gebauten Viehstall aufmerksam gemacht, dessen Wände aussahen, als wären sie einem heftigen Kugelregen ausgesetzt gewesen (Abb. 88). Die Löcher waren die Nesteingänge von Pelzbienen, die hier zu vielen Tausenden ihre Wohnung bauten. Jede Biene gräbt in die Lehmwand einen Kanal, in dem sie ihre Brut in ähnlicher Weise versorgt, wie die anderen einzeln lebenden Bienen. Den herausgeschafften Lehm formt sie zu kleinen Klümpchen, die sie vor dem Eingangsloch zu einem hängenden Schlot, zu einer Einflugsröhre, zusammenklebt (Abb. 89). Das sind freilich vergängliche Gebilde von zweifelhafter Bedeutung. Der erste heftige Regen wäscht sie herunter. Was an dieser Siedlung vor allem interessiert, ist das Massenquartier der einen Bienenart auf dem beschränkten Raum. Der Anlaß dazu ist schwerlich in einem sozialen Trieb zu suchen, sondern er liegt in der günstigen Nistgelegenheit, die sich weit herum in der gleichen Art nicht wiederfindet. Trotz der engen Nachbarschaft baut jede Biene einsam für sich und ohne sich um die anderen zu kümmern. Nur bei drohender Gefahr raffen sie sich zu einer gemeinsamen Handlung

Abb. 89. Ein Teil der Lehmwand aus größerer Nähe aufgenommen. Wo der röhrenförmige Vorbau abgefallen ist, sieht man das Einflugloch zur Nestanlage.

auf. Mehrere Beobachter berichten über die gleiche Erfahrung: daß solche Bienen da, wo sie einzeln oder in geringer Zahl bauen, ganz harmlos sind, wo sie aber in Menge dicht beieinander hausen, schreiten sie zur Verteidigung und fallen im Schwarm über den her, der sie in ihrem Treiben belästigt.

In solchem Vorgehen erkennt man ein gewisses Solidaritätsgefühl der Art, welches anderen Insekten fremd ist, bei Einsiedlerbienen aber nicht selten bemerkt wird. So überwintern manche von ihnen in größerer Zahl gemeinsam in Erdlöchern und anderen Höhlungen. Mögen auch solche Versammlungen an bestimmten Plätzen durch eine lokale Gunst äußerer Verhältnisse erleichtert werden, so bezeugen sie doch das Vorhandensein eines gewissen Herdentriebes, der eine Voraussetzung für die Entwicklung des Staatenlebens gewesen sein dürfte.

Abb. 90. Fünf Männchen einer Einsiedlerbiene (Furchenbiene, Halictus), die sich bei schlechtem Wetter und abends zum Schlafe stets auf einer bestimmten Stelle eines verdorrten Blütenstengels zusammenfinden. (Natürliche Größe.)

Vielleicht in seiner ursprünglichsten Form kommt er da zum Vorschein, wo er sich nur in einer Neigung zum Beisammensein äußert, ohne Sinn und Zweck. Abb. 90 zeigt das obere Ende eines verdorrten Blütenstengels, auf dem sich einige Männchen einer bestimmten, kleinen Art von Einsiedlerbienen als Schlafgesellschaft zusammengefunden haben. Am Tage zerstreuen sie sich bei schöner Witterung in alle Himmelsrichtungen, aber sobald Regenwolken aufziehen, und allabendlich beim Anbruch der Dämmerung, kehren sie genau an diesen Zweig und genau an diese Stelle des Zweiges zurück, um gemeinsam zu ruhen. Nichts zeichnet diesen Stengel vor zahllosen ebensolchen Blütenstielen der nächsten Umgebung aus. Die Bienen finden keinen Wärmeschutz daselbst, in jedem Blütenköpfchen wären sie besser vor Kälte bewahrt als an dem im Winde schwankenden Stengel. Sie finden keine Deckung vor Regen und sie finden keine Nahrung dort. Sie finden auch nicht die Weibchen ihrer Art an diesem Platze. Nur ihre eigene Gesellschaft finden sie an diesem Stelldichein, und scheinen ein Bedürfnis danach zu haben.

Das ist noch keine Staatenbildung. Aber wenn solcher Gemeinschaftssinn die weiblichen Tiere ergreift und sich auf die Brutpflege erstreckt, dann kann er zur Staatenbildung führen. Wir kennen eine Bienenart, die in Lehmboden einen Schacht gräbt und in einer erweiterten Höhle eine zierliche Lehmwabe mit mehreren Zellen herstellt (Abb. 91). In jeder Zelle versorgt sie ein Ei mit Honigkuchen. Aber sie fliegt nicht davon, wenn sie das letzte Ei gelegt hat, sondern bewacht das Nest und erlebt das Ausschlüpfen der Brut. Die Kinder, statt sich in alle Winde zu zerstreuen, hält ein Gemeinschaftssinn im Mutternest zurück. Sie bauen gemeinsam an der begonnenen Wabe fort, legen ihre Eier in dasselbe Nest, und gemeinsam betreuen die Geschwister die Brut, ohne Schranken zu errichten zwischen ihren Kindern. Wer Futter bringt, der bringt es für die Kolonie, und nicht allein für die eigenen Nachkommen. Erst der Herbst zerstört das Gemeinwesen, und im nächsten Frühling fängt jede Mutter von vorne an. Hier ist ein kleiner Staat entstanden.

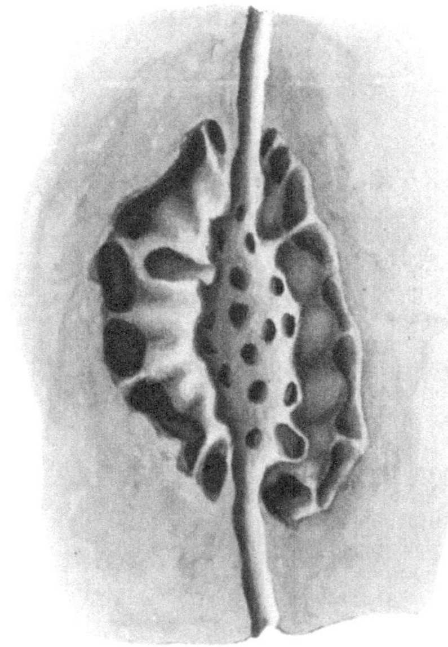

Abb. 91. Lehmwabe einer Furchenbiene (Halictus) in einer Lehmwand, Zugangsschacht und Nesthöhle von vorn freigelegt, links eine Zelle aufgebrochen (auf die Hälfte verkleinert).

Von solchem einfachen Gemeinschaftsleben über die strengere Disziplin eines Hummelstaates bis zur wunderbaren Organisation der Honigbienen ist ein weiter Weg. Die Natur hat Zeit, auf verschlungenen Pfaden einem unbekannten Ziel entgegen zu wandeln. Der beschränkte Menschengeist sieht nicht, woher und wohin, und ist zufrieden, wenn er da und dort ein Stückchen Weges erkennen kann.

# Sachverzeichnis.

# Verständliche Wissenschaft

Wie der Titel „Verständliche Wissenschaft" besagt, soll die Sammlung, deren erste Bändchen jetzt vorliegen, die neuesten Ergebnisse der Wissenschaft in wirklich verständlicher Form vorführen, so daß ein jeder Laie die Darstellung verstehen und außerdem mit Genuß lesen kann. Die einzelnen Bändchen sind nur von hervorragenden Kennern des betreffenden Faches verfaßt, die unbedingte Beherrschung des Gegenstandes mit der Fähigkeit klarer und interessanter Darstellung vereinigen. Gerade diese Kombination soll der neuen Sammlung ihren besonderen Stempel aufprägen.

Zweiter Band:

## Die Lehre von der Vererbung

Von

Professor Dr. Richard Goldschmidt
Kaiser Wilhelm-Institut für Biologie, Berlin-Dahlem

1. bis 5. Tausend

Mit 50 Abbildungen. VI u. 217 Seiten. 1927. Gebunden RM 4.80

Inhaltsübersicht: Einleitung. — Erbliche und nichterbliche Eigenschaften. — Die Geschlechtszellen und die Befruchtung. — Die Grundtatsachen der Mendelschen Vererbungsgesetze. — Weiteres über die Mendelschen Vererbungsgesetze. — Chromosomen und Mendelspaltung. — Weiteres über Chromosomen und Vererbung. — Geschlechtschromosomen und geschlechtsgebundene Vererbung. — Das Zusammenarbeiten der Erbfaktoren. — Summieren der Erbfaktoren. — Die Entstehung neuer Erbeigenschaften. — Die Vererbungsgesetze und der Mensch.

Dritter Band:

## Einführung in die Wissenschaft vom Leben oder „Ascaris"

Von

Professor Dr. Richard Goldschmidt
Kaiser Wilhelm-Institut für Biologie, Berlin-Dahlem

4. bis 8. Tausend. Zwei Teile

Mit 161 Abbildungen. XI u. 168 Seiten u. IV u. Seite 169 bis 341. 1927
Gebunden RM 8.80

Inhaltsübersicht: Form, Farbe, Anpassung. — Leben und Zweckmäßigkeit. — Haut, Atmung. — Lymphe, Muskeln, Bewegung. — Nerven- und Sinnesorgane. — Gehör und Gleichgewichtssinn, das zentrale Nervensystem. — Erwerb der Nahrung. — Verdauung, Stoffwechsel, Ausscheidung. — Geschlecht, Fortpflanzung, Befruchtung. — Kern, Chromosomen, Geschlechtsbestimmung. — Mendelsche Gesetze und Vererbungslehre. — Entwicklungsgeschichte.

# Neu-Japan

Reisebilder aus Formosa · den Ryukyuinseln · Bonininseln · Korea und dem südmandschurischen Pachtgebiet

Von

**Prof. Dr. Richard Goldschmidt**

Berlin-Dahlem

Mit 215 Abbildungen und sechs Karten. VII, 303 Seiten. 1927
Gebunden RM 18.—

Das Buch erzählt zwanglos von den als Neu-Japan zusammengefaßten Außenbesitzungen Japans. Während es eine außerordentliche Fülle von Reisebüchern über Japan gibt — allerdings häufig von flüchtigen Reisenden ohne Kenntnis der Sprache, Geschichte, Literatur und des Volks geschrieben und von Fehlern und schiefen Urteilen wimmelnd —, gibt es recht wenig über die interessanten Inseln und Halbinseln, die Japan in neuerer Zeit seinem Reich einverleibt hat. Im Verlauf eines zweimaligen mehrjährigen Studienaufenthalts hatte der Verfasser Gelegenheit, das ganze japanische Reich mit Ausnahme von Sachalin zu bereisen. Von diesen Reisen, soweit sie aus dem eigentlichen Japan herausführten, ist hier berichtet.

---

# Altchinesische Bronzen

Von

**Dr. E. A. Voretzsch**

Mit 169 Abbildungen und einer Landkarte. XXIV, 335 Seiten. 1924
Gebunden RM 48.—; in Halbleder gebunden RM 88.—

Das Buch ist das grundlegende Werk über altchinesische Bronzen, d. h. Bronzen der Zeit von 2205 v. Chr. bis 960 n. Chr., der Blütezeit asiatischer Bronzekunst überhaupt. Es gibt neben der genauen Beschreibung der Kunstwerke und ihrer Ornamente die für den Sammler so unerläßlich notwendige Wissenschaft von Erkennungsmerkmalen der alten Bronzen, der Art ihrer Herstellung und der Fälscherkünste. Ein einleitender geschichtlicher und kultureller Überblick, der in die vor- und nachchristlichen Perioden einführt, macht die einzelnen Gefäße, die in der Hauptsache Sakralgefäße sind, und ihre Ornamente lebendig.

---

# Im Lande der aufgehenden Sonne

Von

**Prof. Dr. Hans Molisch**

Wien

Mit 193 Abbildungen im Text. XI, 421 Seiten. 1927. Gebunden RM 24.—
(Verlag von Julius Springer in Wien)

GPSR Compliance

*The European Union's (EU) General Product Safety Regulation (GPSR) is a set of rules that requires consumer products to be safe and our obligations to ensure this.*

*If you have any concerns about our products, you can contact us on ProductSafety@springernature.com*

In case Publisher is established outside the EU, the EU authorized representative is:

Springer Nature Customer Service Center GmbH
Europaplatz 3
69115 Heidelberg, Germany

**Batch number: 10682564**

Printed by Printforce, the Netherlands